LA PREMIÈRE ANNÉE
D'ENSEIGNEMENT SCIENTIFIQUE

(SCIENCES NATURELLES ET PHYSIQUES)

L'Homme — Les Animaux — Les Végétaux
Les Pierres — Les trois états des corps

LEÇONS — RÉSUMÉS — QUESTIONNAIRES — LECTURES

300 Gravures

PAR

PAUL BERT

VINGT-SEPTIÈME ÉDITION

..... du Certificat d'études, par Charles Dupuy.

Livret de	» 30	Tableau mural de Morale...... 4 50
Livret d'..... civique.....	» 30	Tableau mural d'Instruction
Livret de s..... élémentaires.	» 30	civique................... 4 50

ARMAND COLIN ET Cie, ÉDITEURS

5, RUE DE MÉZIÈRES, PARIS

AVANT-PROPOS

Le livre que j'ai publié sous le titre de *Première année d'Enseignement scientifique* a paru au commencement de l'année 1882.

Quelques mois plus tard, le Conseil supérieur de l'Instruction publique, dont je ne faisais plus partie, les fonctions de Ministre m'ayant forcé à l'abandonner, rédigeait le programme de cet enseignement nouveau pour nos écoles primaires. J'ai été singulièrement flatté de voir que le résultat des travaux de la docte assemblée correspondait, jusque dans les détails, avec le plan de mon livre : quelques modifications, qui n'en ont pas même changé la pagination, ont suffi pour que la coïncidence fût parfaite.

Seulement, le Conseil supérieur, à coup sûr mieux renseigné que moi sur l'état moyen des écoles primaires, avait jugé prudent de réserver pour le cours supérieur l'ensemble des notions que j'avais exposées. Je dus m'incliner devant cette décision, et ma *Première année* prit le titre de Deuxième Année.

En même temps, je me remis au travail, afin de donner satisfaction complète au programme, en publiant un livre destiné aux enfants du « Cours moyen. » Ce nouvel ouvrage est exécuté dans le même esprit que son aîné et disposé suivant le même plan. Le Conseil supérieur donne, du reste, comme caractéristique du programme du Cours supérieur, cette formule : « Revision avec extension du Cours moyen. » C'est une méthode excellente et aujourd'hui universellement adoptée, que celle qui consiste à présenter à l'enfant pendant deux ou trois années consécutives, les mêmes notions dans le même ordre, suivant la même disposition générale, mais avec une abondance croissante des faits et une élévation progressive des idées. La connaissance spéciale des choses et l'éducation générale de l'esprit trouvent leur compte dans cette répétition, si l'on sait se mettre à l'abri de la monotonie.

Je me suis efforcé d'éviter cet écueil en donnant au présent livre un caractère à la fois plus élémentaire et plus pratique. Les réductions ont naturellement porté sur la Physique, la Chimie et surtout la Physiologie animale et végétale, dont il pouvait être à peine question devant des enfants de neuf à onze ans. Néanmoins, j'ai donné un peu plus de développement à la partie descriptive de l'Histoire naturelle, et aux applications faciles à comprendre.

Ces deux livres s'appuient donc l'un sur l'autre. Ils forment un tout cohérent : le premier prépare le second, le second complète le premier ; mais cependant chacun d'eux a son individualité distincte et peut vivre de sa vie propre.

Puisse la faveur, si honorable pour moi, avec laquelle le public, les instituteurs et j'ose le dire les élèves, ont accueilli mon premier livre, s'étendre à celui que je leur présente aujourd'hui.

Paul BERT.

PROGRAMME DE 1887

ÉLÉMENTS DES SCIENCES PHYSIQUES ET NATURELLES

(COURS MOYEN, DE 9 A 11 ANS)

Notions très élémentaires de sciences physiques.

L'homme. — Description *sommaire* du corps humain et idée des *principales* fonctions de la vie.

Les animaux. — Notion des *grands embranchements* et de la *division* des vertébrés en classes, à l'aide d'un animal pris comme type de chaque groupe.

Les végétaux. — Etude sur quelques types choisis des *principaux organes* de la plante ; notion des *grandes divisions* du règne végétal, indication des plantes utiles et nuisibles (surtout dans les promenades scolaires).

Les trois états des corps. — Notions sur *l'air*, sur *l'eau* et sur la *combustion* ; petites démonstrations expérimentales.

I. — L'HOMME

1. L'homme. — Nous commençons nos études sur les êtres vivants par l'étude de l'homme, c'est-à-dire par celle de notre propre corps.

Rien n'est plus utile ni plus intéressant, en effet, que de savoir comment notre corps est constitué, où sont placés le cœur, les **poumons**, l'**estomac**, le **cerveau**, et autres *organes* *, et à quoi ils servent. Le moins que nous puissions et que nous devions faire, n'est-ce pas de nous connaître nous-mêmes ?

2. Les principales races* d'hommes. — Tous les hommes ne ressemblent pas à ceux de notre pays. 1. Ainsi, en *Afrique*, on trouve des hommes à peau plus ou moins **noire**, des *nègres* (fig. 1), avec les cheveux semblables à de la laine noire ; en *Asie*, vivent des hommes à **peau jaune** (fig. 2),

FIG. 1. — Nègre, homme à *peau noire* et à *cheveux laineux* (Afrique).

FIG. 2. — Chinois, homme à *peau jaune*, à *cheveux noirs et raides* (Asie).

ayant des cheveux noirs aussi, mais raides et tout droits ; en *Amérique* enfin, on voit d'autres hommes à **peau rougeâtre** (fig. 3), avec les cheveux également noirs et raides.

En *Europe* les gens ont la **peau blanchâtre** (fig. 4), les cheveux souples et de teintes variées, allant du noir le plus foncé jusqu'au blond le plus clair.

---

1. Quelles sont les principales races d'hommes ?

1. Malgré ces différences extérieures et quelques autres qui ne vous offriraient aucun intérêt, tous les hommes,

FIG. 3. — Homme à *peau rou-geâtre* et à *cheveux noirs et raides* (Amérique).

FIG. 4. — Européen à *peau blanchâtre*.

noirs, jaunés, rouges ou blancs, ont la même *organisation* *.

1°. — Le squelette.

3. Division du squelette. — 2. Dans l'intérieur de notre corps se trouve une *charpente*, destinée à soutenir les chairs, qui, sans elle, s'affaisseraient * ; cette charpente, formée d'os, s'appelle le **squelette** (fig. 5).

3. Le squelette de l'homme est composé de :

1° La colonne vertébrale, de B à H ;

2° Le crâne A ;

3° Les os des membres.

4. Colonne vertébrale. — 4. La colonne vertébrale ou épine dorsale B H est formée par une suite d'os nommés **vertèbres**, empilés les uns sur les autres.

5. Une vertèbre est une sorte d'anneau ; ces anneaux, placés les uns au-dessus des autres, forment un conduit, un tube qu'on appelle le **canal vertébral** et qui renferme la *moelle épinière*.

6. A la région du dos, chaque vertèbre porte une côte D,

---

1. Quel est le point commun des diverses races ? — 2. Qu'est-ce que le squelette ? — 3. Quelles sont les parties principales du squelette de l'homme ? — 4. Comment est for- | mée la colonne vertébrale ? — 5. Quel nom donne-t-on au tuyau for- mé par les anneaux des vertèbres ?. — 6. De quelle manière chaque côte se réunit-elle à la côte opposée ?

qui se dirige en avant, et se réunit à la côte opposée par l'in-

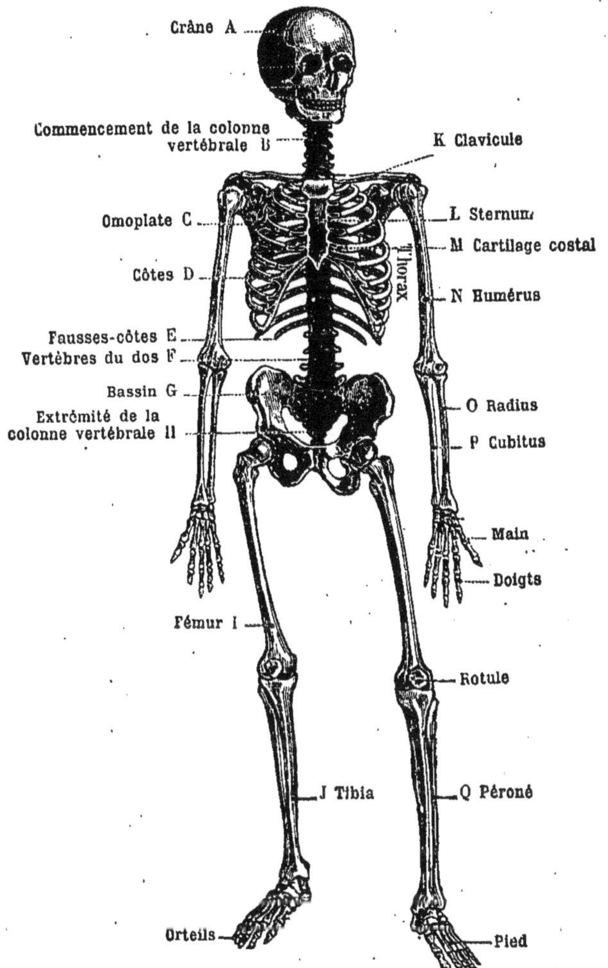

Fig. 5. — Squelette d'homme vu de face.

termédiaire de *cartilages* * *costaux* M et d'une série d'os L,
appelée **sternum**, que vous sentez bien là, au-devant de la
poitrine.

1. Les vertèbres dorsales F (fig. 6), les côtes D, les cartilages costaux M (fig. 5) et le sternum L, forment une espèce
de cage à claire-voie, plus large en bas qu'en haut, qu'on
nomme vulgairement la *poitrine*, et scientifiquement le
thorax.

2. Le reste de la colonne vertébrale ne porte pas de
côtes, et s'appuie en bas sur les os G du **bassin**.

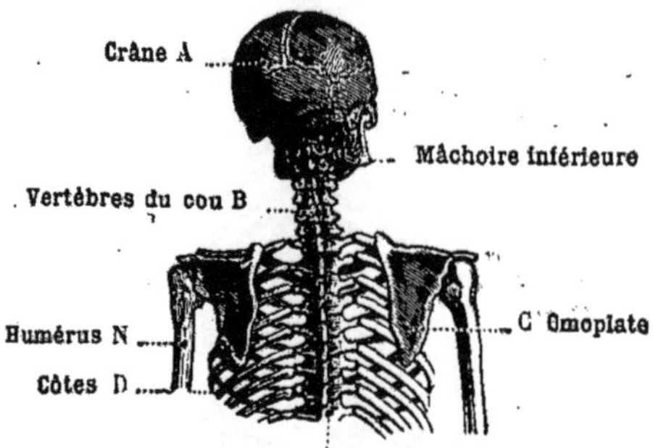

Fig. 6. — Thorax d'homme vu de dos.

5. Crâne. — **3.** Au-dessus de la colonne vertébrale
se place le **crâne** A (fig. 6). C'est une boîte osseuse (fig. 7)
qui contient le *cerveau*, et dont la cavité* se continue
avec celle du *canal vertébral*.

4. Le crâne est composé d'un grand nombre d'os. En avant, se trou-
vent des cavités ou orbites B, B, où se placent les *yeux*; ensuite d'autres trous C, qui sont

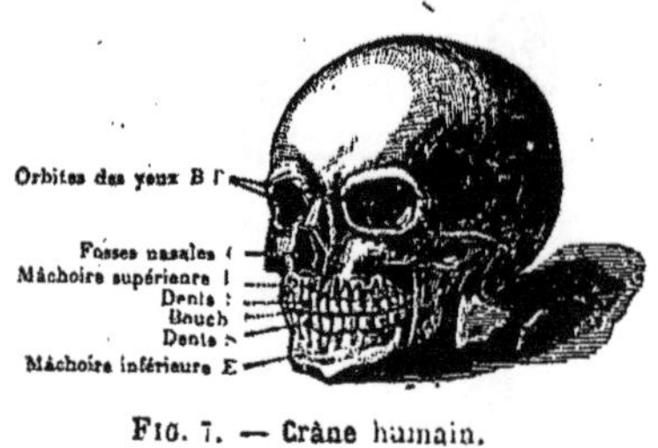

Fig. 7. — Crâne humain.

les **fosses nasales**; au-dessous viennent les deux **mâchoires**
D, E, entre lesquelles s'ouvre la *bouche*.

---

1. Qu'est-ce que le thorax et par quels os est-il formé ? — **2.** Sur quoi s'appuie la colonne verté-brale ? — **3.** Qu'y a-t-il au-dessus de la colonne vertébrale ? — **4.** Comment est constitué le crâne et quelles sont les cavités qu'on y remarque ?

1. La mâchoire *supérieure* D est fixe et absolument soudée au crâne. La mâchoire *inférieure* E, au contraire, est mobile* comme vous le savez tous.

2. De chaque côté du crâne se trouve une ouverture qui communique avec l'organe* de *l'ouïe*. Cet organe est en rapport avec l'extérieur par le **conduit auditif** et le *pavillon** de *l'oreille*.

6. Os des membres. — **3.** Dans le *membre supérieur* (fig. 5), on appelle **humérus**, l'os N du *bras;* **radius** et **cubitus**, les os O, P de *l'avant-bras.*

4. Le bras est relié au corps par deux os : les **omoplates** C (fig. 5 et 6), qui se dirigent en arrière et s'appliquent sur le *thorax* sans se souder nulle part; et la **clavicule** K, qui est placée comme un bâton transversal*, et qui va de l'omoplate C, au sternum L. Vous sentez la clavicule ici en travers, au haut de la poitrine.

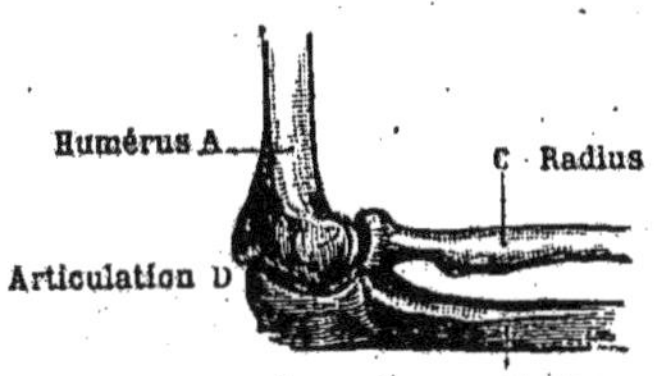

Fig. 8. — Articulation ou jointure du bras et de l'avant-bras (coude).

5. Dans le *membre inférieur* ou *jambe* (fig. 5), on appelle **fémur**, l'os I de la *cuisse;* **tibia** et **péroné**, les deux os J, Q de la *jambe.* Le tibia est le gros os qu'on sent sous la peau, au devant de la jambe.

6. Les deux fémurs I (celui de la cuisse gauche et celui de la cuisse droite) s'attachent à une large et solide ceinture osseuse G, le **bassin** (hanche), qui, en arrière, se fixe elle-même sur la colonne vertébrale. Cela fait une base résistante, sur laquelle le haut du corps repose d'aplomb.

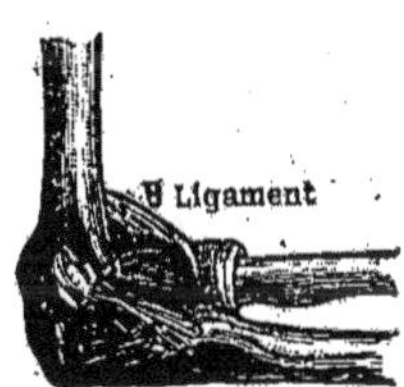

Fig. 9. — Aux endroits où ils jouent, les os sont unis par des liens appelés *ligaments.*

7. Articulations. — **7.** Les os jouent les uns sur

---

1. Quelle différence y a-t-il entre les deux mâchoires? — 2. A quoi sont destinées deux ouvertures placées des deux côtés du crâne? — 3. Quel nom donne-t-on à l'os du bras et aux deux os de l'avant-bras? — 4. Par quels os le bras est-il relié au corps? — 5. Quel nom donne-t-on à l'os de la cuisse et aux deux os de la jambe? — 6. A quoi s'attachent les deux fémurs? — 7. Qu'est-ce qu'une articulation?

les autres à des endroits D (fig. 8), qu'on appelle *jointures*, ou mieux **articulations**, comme au coude, au poignet, à l'épaule, etc.

1. A l'endroit des articulations, les os sont retenus par des espèces de rubans B (fig. 9), nommés **ligaments articulaires**.

RÉSUMÉ. — 1° LE SQUELETTE.

Races (p. 3). — 1. Énumérez les principales *races* d'hommes.

Les principales **races** d'hommes sont : la race *noire* ou *nègre*, en Afrique; la race *jaune*, en Asie; la race *rouge*, en Amérique; la race *blanche*, en Europe.

Squelette (p. 4). — 2. De quoi se compose le squelette humain ?

Le squelette humain se compose de la **colonne vertébrale**, du **crâne**, des **os des membres**.

Colonne vertébrale (p. 4). — 3. Parlez de la *colonne vertébrale*.

La *colonne vertébrale* est formée par les **vertèbres**, sortes d'anneaux osseux posés les uns au-dessus des autres, et dont l'ensemble forme le *canal vertébral*.

4. Quel est, dans le squelette humain, le rôle de la colonne vertébrale ?

La colonne vertébrale supporte le **crâne**; sur les côtés, elle soutient les *côtes*. Celles-ci, avec le *sternum* (devant de la poitrine), forment la cage du *thorax* (poitrine). La colonne vertébrale s'appuie en bas sur les os du *bassin* (hanches).

Crâne (p. 6). — 5. Qu'est-ce que le *crâne* ?

Le **crâne** est une boîte osseuse qui forme la tête et contient le *cerveau*. On y remarque les trous ou *orbites* des yeux, les trous du nez ou *fosses nasales*, la *mâchoire supérieure* qui est fixe, la *mâchoire inférieure* qui est mobile, et des ouvertures qui communiquent avec les organes de l'*ouïe* (oreilles).

Membres (p. 7). — 6. Quels sont les os du *membre supérieur* ?

Les os du membre supérieur sont : l'*humérus* (bras); le *cubitus* et le *radius* (avant-bras).

7. Comment l'humérus se rattache-t-il au thorax ?

L'humérus se rattache au thorax (poitrine) par l'*omoplate* (épaule) et par la *clavicule*.

---

1. Par quoi sont reliés les os à l'endroit des articulations ?

<table>
<tr><td>

8. Quels sont les os du *membre inférieur* ?

9. Comment le fémur se rattache-t-il à la colonne vertébrale ?

Articulations (p. 7). — **10.** Qu'est-ce qu'une *articulation* ?

11. Comment les os sont-ils retenus à l'endroit des articulations ?

</td><td>

Les os du membre inférieur sont : le *fémur* (cuisse) ; le *tibia* et le *péroné* (jambe).

Le fémur se rattache à la colonne vertébrale par les os du *bassin* (hanches).

On appelle *articulation* l'endroit où les os **jouent** les uns sur les autres.

A l'endroit des articulations, les os sont retenus par des sortes de rubans appelés *ligaments articulaires*.

</td></tr>
</table>

2°. — Organes du mouvement.

8. Muscles. —, **1.** Les os, par eux-mêmes, resteraient immobiles. Quelque chose est indispensable pour qu'ils puissent **se mouvoir** ; ce quelque chose, c'est ce qu'on appelle un **muscle**.

Ployez l'avant-bras droit sur le bras, et, avec la main gauche, prenez le bras en son milieu, pendant le mouvement. Vous sentez bien, en A (fig. 10), quelque chose qui durcit et grossit sous votre main. C'est un

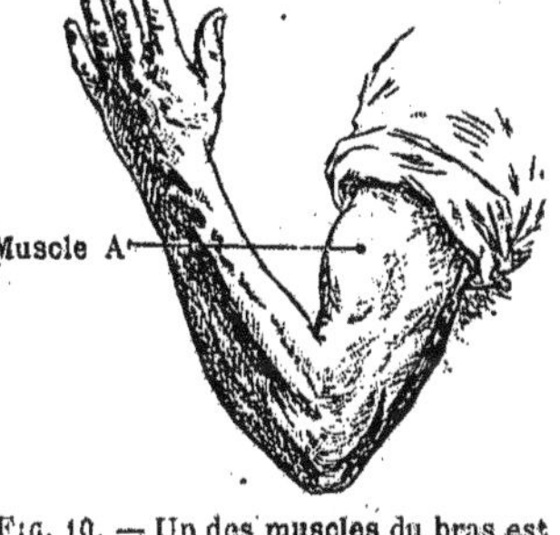

FIG. 10. — Un des muscles du bras est en action ; il durcit et grossit.

des **muscles moteurs** * du bras, qui entre en action.

2. Les *muscles*, désignés ordinairement sous le nom de *chair*, et plus vulgairement sous celui de *viande*, sont un amas de filaments * rouges E (fig. 11), placés à côté les uns des autres et s'attachant d'ordinaire de chaque bout à un os B, D. — **3.** Les muscles se terminent presque toujours par des espèces de cordes blanches ou **tendons** A, A, que, dans le langage vulgaire, on appelle

<table>
<tr><td>

1. Qu'est-ce qui fait mouvoir les os ? — **2.** Sous quel nom désigne-t-on ordinairement les muscles ?

</td><td>

— Comment sont composés les muscles ? — **3.** Par quoi les muscles s'attachent-ils aux os ?

</td></tr>
</table>

des *nerfs*. C'est là une très mauvaise expression, qui
fait confondre les *tendons* avec les véritables nerfs, dont
je vais vous parler dans un moment.

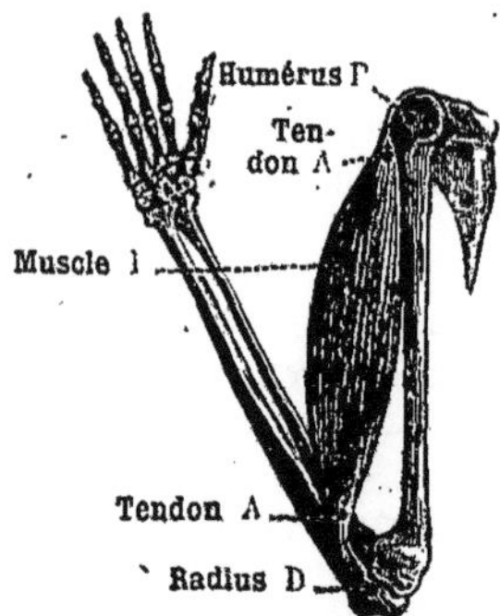

Fig. 11. — À ses deux extrémités, le
muscle se rattache aux os par des
espèces de cordes blanches, appelées tendons A, A. — Lorsque le
muscle *se contracte*, l'avant-bras
se rapproche du bras.

9. Contractilité* musculaire.—1. Les filaments des muscles ont une propriété bien remarquable:
ils peuvent **se contracter,** c'est-à-dire *se raccourcir*.
Bien évidemment, lorsqu'ils se raccourcissent, leurs
deux bouts se rapprochent, et avec eux les os sur lesquels ils s'attachent.

C'est ce qui arrivait tout à l'heure à votre avant-
bras. 2. Il y a là un muscle qui va du haut du bras à
la naissance du *radius* D. Quand ce muscle se rac-
courcit, il tire sur le radius qui se relève en entraînant
tout l'avant-bras. Naturellement, le muscle ne peut pas diminuer de longueur sans augmenter d'épaisseur, et c'est
pour cela que vous le sentez grossir et durcir au-devant
du bras, en E.

10. Nombre et variété des muscles. — 3. Les
muscles sont **extrêmement nombreux.** Il y en a qui font
mouvoir les membres, qui *fléchissent* ou *étendent* les doigts;
d'autres font *tourner* ou *redressent* la tête, *courbent* la
colonne vertébrale, *soulèvent* les côtés, *resserrent* le
ventre, etc.

4. C'est par le jeu **des muscles,** des os et des *articulations* que nous nous tenons assis ou debout, que nous
pouvons marcher, courir et sauter.

Voilà pour le **mouvement.**

---

1. Quelle propriété particulière les
muscles présentent-ils? — **2.** Quel
est le résultat du raccourcissement
des muscles? — **3.** Citez quelques-
unes des fonctions remplies par les
muscles? — **4.** Quels avantages
tirons-nous du jeu des muscles, des
os et des articulations?

RÉSUMÉ. — 2° ORGANES DU MOUVEMENT.

Muscles et tendons (p. 9). — **1.** Qu'est-ce que les *muscles* ?

Les **muscles**, qui forment la *chair* ou *viande*, sont des organes destinés à faire **mouvoir les os.**

Les muscles se rattachent aux os par des espèces de *cordes blanches* qu'on nomme **tendons** (et improprement *nerfs*).

2. Comment les muscles se *rattachent-ils* aux os ?

Contractilité* musculaire (p. 10). — **3.** Quelle faculté spéciale les muscles ont-ils ?

Les muscles ont pour faculté spéciale de se **contracter**, c'est-à-dire de se *raccourcir*. En se raccourcissant, ils forcent les os à se replier les uns sur les autres, et l'on obtient ainsi les divers mouvements.

3°. — Système nerveux.

11. Cerveau. — **1.** Qu'est-ce qui commande tous les mouvements des muscles? C'est le **cerveau** A (fig. 12), logé dans le *crâne*, et son prolongement, la **moelle épinière** B, logée dans le *canal vertébral.*

2. Dans le cerveau réside l'**intelligence.** Lorsque le cerveau est enlevé ou très fortement blessé, il n'y a plus d'intelligence, plus de conscience, plus de volonté.

12. Nerfs. — **3.** Par quel moyen le cerveau transmet-il aux muscles l'ordre de se mettre en mouvement? Par l'intermédiaire de la moelle épinière B et des **nerfs** C, C. **4.** Les *nerfs* sont des filaments blancs, souvent très longs, qui partent de la *moelle épinière* et du *cerveau*, et qui sont répandus dans tout le corps. Le nombre des nerfs est incalculable.

5. Les nerfs qui dirigent les *mouvements* sont appelés **nerfs moteurs.**

6. Il y a aussi des **nerfs sensitifs*.** Ce sont ceux qui apportent à notre cerveau les impressions qui leur

---

1. Qu'est-ce qui commande les divers mouvements? — **2.** Où réside l'intelligence? — **3.** Par quel moyen le cerveau transmet-il aux muscles l'ordre de se mettre en mouvement? — **4.** Qu'est-ce que les nerfs? — **5.** Comment appelle-t-on les nerfs qui dirigent les mouvements? — **6.** Comment sont transmises au cerveau les impressions de nos sens?

viennent soit de tout notre corps, soit du dehors, par l'intermédiaire de nos **sens**.

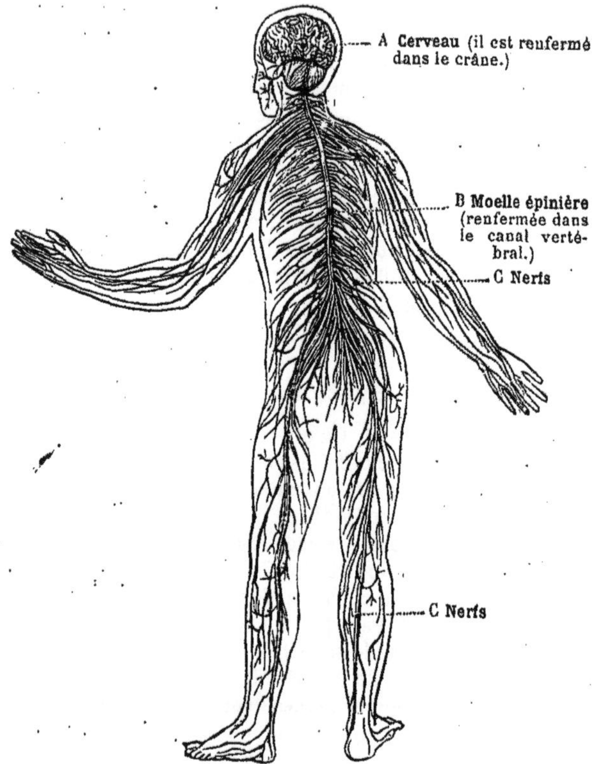

Fɪɢ. 12. — Dans le crâne est renfermé le *cerveau* A. Du cerveau part la *moelle épinière* B, qui est renfermée dans le canal vertébral. De la moelle partent les *nerfs* C, C, qui sont répandus dans tout le corps.

1. Prenez un morceau de marbre ; la sensation de froid que vous éprouvez est reçue par votre *peau*, et transmise à votre cerveau par des *nerfs sensitifs*. Si vous mangez du sel, le goût salé est reçu par votre *langue*, et transmis de même au cerveau par des *nerfs sensitifs*. Ce sont encore des *nerfs sensitifs* qui apportent au cerveau les sensations éprouvées

1. Citez quelques impressions transmises par les nerfs sensitifs.

par votre *nez* (odeurs), par vos *oreilles* (sons), par vos *yeux* (formes et couleurs).

Nous apprendrons l'année prochaine comment sont construits les différents **organes des sens**.

13. Peau. — 1. La **peau** est l'enveloppe de tout notre corps. Partout (sauf dans les mains et sous les pieds), elle est couverte de **poils**, la plupart si petits qu'on les voit à peine. Quand la *barbe* vous poussera, vous n'aurez pas un poil de plus au menton ; mais ceux que vous avez en ce moment seront devenus plus gros. .

La peau est constituée par deux couches : celle qui est en dessous est appelée **derme**; celle qui est à la surface est l'**épiderme**; celui-ci se détruit et se reproduit sans cesse.

2. À la surface de la peau se forme, surtout quand on a chaud, un liquide appelé **sueur**.

De plus, il s'y répand une sorte de *vernis** gras qui empêche la peau de se mouiller quand elle est trempée dans l'eau.

RÉSUMÉ. — 3° SYSTÈME NERVEUX.

Cerveau (p. 11). — 1. Quels sont les principaux organes du *système nerveux* ?

Les principaux organes du système nerveux sont: le **cerveau**, la **moelle épinière** et les **nerfs**.

Nerfs (p. 11). — 2. Quelles sont les *fonctions* du cerveau, de la moelle épinière et des nerfs?

Le **cerveau** est le siège de l'intelligence. C'est le cerveau qui *ordonne* les mouvements; il transmet ses ordres aux muscles par l'intermédiaire de la **moelle** épinière et des **nerfs moteurs**.

3. Comment les *sensations* sont-elles transmises au cerveau ?

Les *sensations* (piqûre, vue, audition, etc.), éprouvées par les différentes parties du corps sont transmises au cerveau par les **nerfs sensitifs**.

Peau (p. 13). — 4. Comment la *peau* est-elle constituée ?

La peau est constituée par deux couches; l'une qui se trouve à la surface du corps : c'est l'**épiderme** ; l'autre qui touche à la chair : c'est le **derme**.

5. Quels sont les *produits* de la peau ?

La peau produit un liquide appelé **sueur** et une sorte de *vernis* qui empêche la peau de se mouiller.

---

1. Quelle est la constitution de la peau? — 2. Qu'est-ce que produit la peau?

4°. — Digestion.

Ce que tout le monde sait bien ici, comme dans beaucoup de leçons, c'est le commencement. Nous prenons les aliments, nous les mettons dans notre bouche; quand ils sont de petit volume ou liquides, nous les avalons aussitôt; lorsqu'ils sont trop gros, nous les *mâchons* pour les broyer.

14. Dents. — 1. L'action de mâcher, ou *mastication*, se fait à l'aide des **dents**, qui coupent et broient, et de la **langue**, organe musculeux * très mobile, qui ramène les aliments sous les dents et les met en boule quand il s'agit de les avaler.

2. Les *dents* sont de formes très variées (fig. 13). En

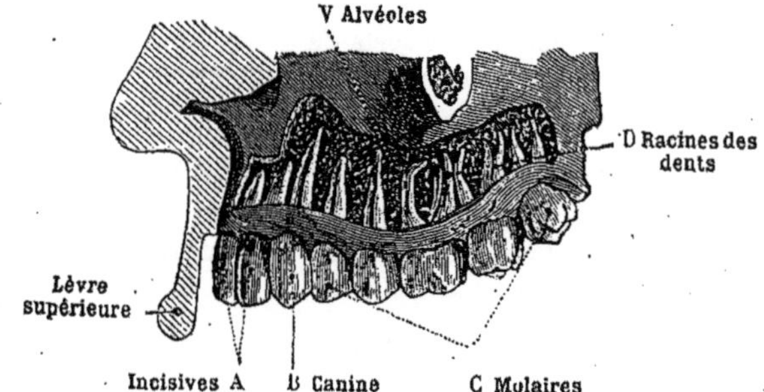

Fig. 13. — Mâchoire humaine vue de profil et coupée de manière à montrer les dents et leurs racines dans les alvéoles.

avant, elles sont tranchantes : ce sont les, *incisives* A ; sur les côtés, elles sont pointues : ce sont les *canines* B ; en arrière, elles sont larges et plates : ce sont les *molaires* C. 3. J'ai — ou plutôt je devrais avoir — dans la bouche, à chaque mâchoire, 4 incisives, 2 canines, 10 molaires : soit en tout 32 dents. 4. Vous autres, jusqu'à l'âge de sept ans environ, vous n'aviez que 20 dents, n'ayant que 4 molaires à chaque mâchoire. Puis, l'une après l'autre, vos premières dents ou *dents de lait* sont tombées, et votre *seconde dentition* a commencé.

---

1. Qu'est-ce que la mastication ? — 2. Quelles sont les différentes espèces de dents? — 3. Combien l'homme fait-il avoir de dents? — 4. Combien l'enfant doit-il avoir de dents jusqu'à sept ans environ?

1. Les dents sont implantées par une ou plusieurs *racines* D dans des trous V de la mâchoire, appelés *alvéoles*.

15. Salive. — 2. Le broyage des aliments est facilité par l'écoulement de la **salive**, qui arrive dans la bouche par plusieurs trous dont quelques-uns sont placés *sous la langue*, près de sa racine, et sont faciles à voir.

16. Déglutition. — 3. Quand les aliments sont bien broyés, roulés et humectés* de salive, la langue les conduit dans l'arrière-gorge; là, tout à coup, il se fait un mouvement, et les voilà avalés. Cette opération est la **déglutition**.

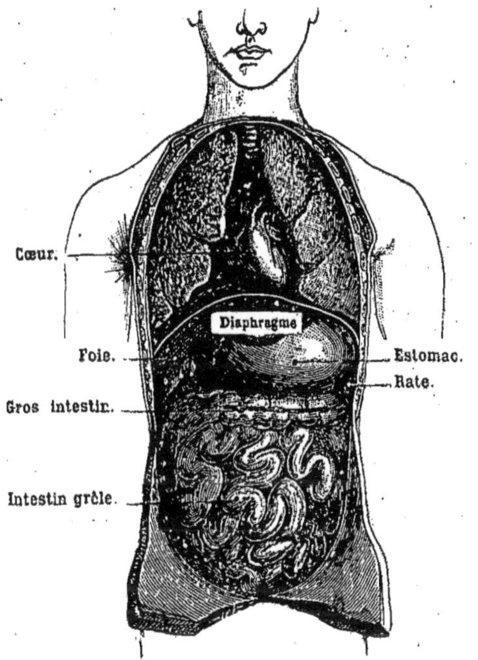

Fig. 14. — Figure montrant la position des principaux organes de la digestion.

17. Tube digestif. — 4. Les aliments descendent alors

1. Comment sont implantées les dents? — 2. Par quel liquide le broyage des aliments est-il facilité? — 3. Qu'est-ce que la déglutition? — 4. Où vont les aliments lorsqu'ils sont avalés?

dans un long tuyau, traversent le cou, ensuite la poitrine et arrivent dans l'**estomac** (fig. 14).

L'estomac est une espèce de sac qui peut avoir deux litres de capacité. De là, les matières alimentaires * entrent dans l'**intestin grêle**, sorte de tube un peu plus gros que le pouce, extrêmement replié, et enfin dans le **gros intestin**, qui conduit au dehors les *résidus* * *inutiles*. L'estomac et les intestins sont contenus dans le ventre ou **abdomen**.

1. *L'abdomen* est séparé de la *poitrine* par une cloison qu'on appelle le **diaphragme**. Cette cloison est musculaire * et joue un rôle important dans la respiration.

Le tube du cou, l'estomac et les intestins sont appelés *tube digestif*.

18. Sucs digestifs. — 2. Les aliments, en même temps qu'ils cheminent dans le tube digestif, *s'y* **transforment** *sous l'influence de liquides ou* **sucs**.

3. Le premier de ces sucs est la **salive**. Quel est celui de vous qui ne s'est pas amusé à mâcher longtemps un peu de mie de pain? Pourquoi ? Parce que, au bout d'un certain temps, la mie prend un goût *sucré*. C'est qu'en effet *la salive transforme le pain en* **sucre**, *la farine en* **sucre**.

4. Outre la salive, il y a : le **suc gastrique**, qui se trouve dans l'estomac, et qui a pour fonction de *dissoudre* toutes les *matières animales* * ; il y a le **suc pancréatique**, qui est versé dans l'intestin grêle par un organe nommé le *pancréas;* il y a enfin la **bile**, liquide vert et amer, qui est versé par le *foie*. Tous ces *sucs* rendent les aliments *liquides*, et leur permettent, sous cette forme, de se mêler intimement au sang.

5° — Respiration.

19. Poumons, trachée-artère, larynx. — 5. L'air que nous respirons va dans la poitrine, ou pour mieux dire, dans les **poumons** A (fig. 15).

6. Les **poumons**, vous les connaissez bien tous : c'est le *mou*, qu'on donne à manger aux chats. On prétend qu'ils adorent cela. Moi, je vous réponds qu'ils aiment mieux la

---

1. Qu'est-ce que le diaphragme ? — 2. Qu'appelle-t-on sucs digestifs? — 3. Citez les différents sucs digestifs? — 4. Quels sont les effets de ces sucs sur les aliments? — 5. Où va l'air que nous respirons? — 6. Décrivez les poumons.

viande, et ils ont bien raison ; car le mou est une espèce

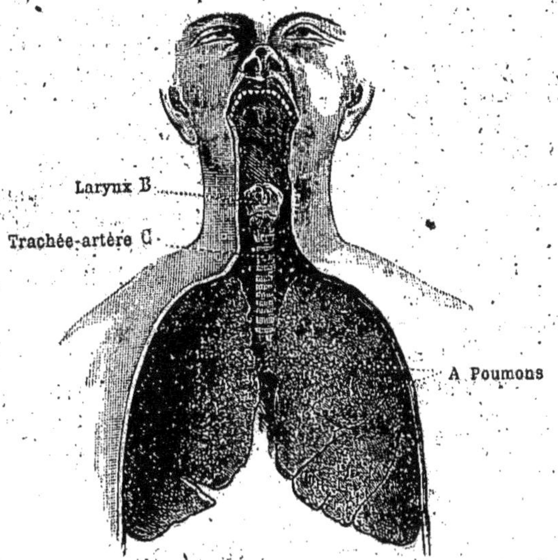

Fig. 15. — Figure conventionnelle très simplifiée pour montrer les principaux organes de la respiration.

d'éponge dure, difficile à mâcher, où il n'y a que de l'air.

Il y a *deux poumons* dans le thorax, l'un à droite et l'autre à gauche. 1. Ces organes creux sont extrêmement compliqués. Ils communiquent avec l'arrière-gorge par un long tube C, nommé trachée-artère.

2. Au sommet de la trachée se trouve le larynx B, où se forment les *sons de la voix*.

20. Mouvements respiratoires. — 3. Comment l'air pénètre-t-il dans les poumons ?

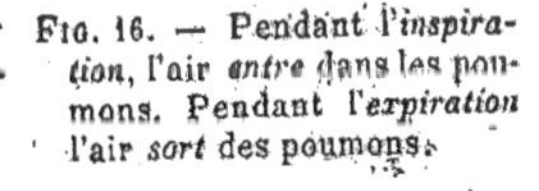

Fig. 16. — Pendant *l'inspiration*, l'air *entre* dans les poumons. Pendant *l'expiration* l'air *sort* des poumons.

Examinez vous-mêmes (fig. 16), en mettant une main sur le côté de votre poitrine, et une

1. Comment les poumons communiquent-ils avec l'arrière-gorge? — 2. Où se trouve le larynx et quelle est sa fonction? — 3. Comment l'air pénètre-t-il dans les poumons?

autre sur votre ventre, ou, pour parler un langage plus relevé, sur votre *abdomen*. Vous voyez, et vous le savez déjà, que régulièrement, une quinzaine de fois par minute, vous respirez, vous faites des *mouvements respiratoires*. Et vous savez aussi que chacun de ces mouvements est double : il y a d'abord l'**inspiration**, puis l'**expiration**.

1. Pendant l'*inspiration*, vous sentez que vos côtes se soulèvent, que votre poitrine s'élargit, que votre abdomen se gonfle et vient en avant, en même temps que *l'air entre* et va dans les poumons. 2. Pendant l'*expiration*, c'est le contraire : les côtes s'affaissent, l'abdomen s'aplatit, la poitrine diminue, et *l'air sort*, chassé comme par un soufflet.

Nous apprendrons l'année prochaine comment se font successivement ce gonflement et ce dégonflement de la poitrine.

3. Nous apprendrons également que l'air qui sort des poumons est très différent de celui qui y entre, et qu'on ne tarderait pas à être **asphyxié*** si l'on respirait continuellement le même air.

6°. — Circulation.

21. Sang. — 4. Les *aliments*, rendus liquides par la digestion, finissent par pénétrer dans le **sang**. *Celui-ci les porte dans toutes les parties du corps*, dont il répare ainsi les pertes. 5. Dans les *poumons*, où il s'aère*, il acquiert toutes les qualités qu'il doit avoir.

Il y a du sang dans toutes les parties du corps, vous le savez : essayez de vous piquer n'importe où, avec la plus fine aiguille possible, vous aurez une gouttelette de sang.

6. Ce matin, on a saigné un lapin à la maison. J'ai recueilli du sang dans un verre, et je vous le montre. Voyez, le sang s'est séparé en deux parties : un liquide jaunâtre et un **caillot *** solide et rouge qui surnage. C'est que le sang, aussitôt sorti du corps, se caille, se **coagule**, comme on dit.

7. Le sang est contenu dans des tubes ou *vaisseaux san-*

---

1. Que se passe-t-il pendant l'inspiration ? — 2. pendant l'expiration ? — 3. L'air qui sort des poumons est-il semblable à celui qui y est entré. — 4. Que deviennent les aliments rendus liquides ? — 5. Quel effet les poumons ont-ils sur le sang ? — 6. Comment est composé le sang ? — 7. Dans quoi est contenu le sang ?

guins, dont la distribution dans le corps est extrêmement compliquée.

22. Cœur, veines, artères, vaisseaux capillaires. — 1. Dans la poitrine, un peu sur le côté gauche, se trouve le cœur (fig. 17), espèce de poche qui, à intervalles réguliers, *lance* le sang dont il est rempli.

2. On appelle **veines** les vaisseaux par lesquels le sang arrive au cœur, et **artères**, ceux dans lesquels le sang est

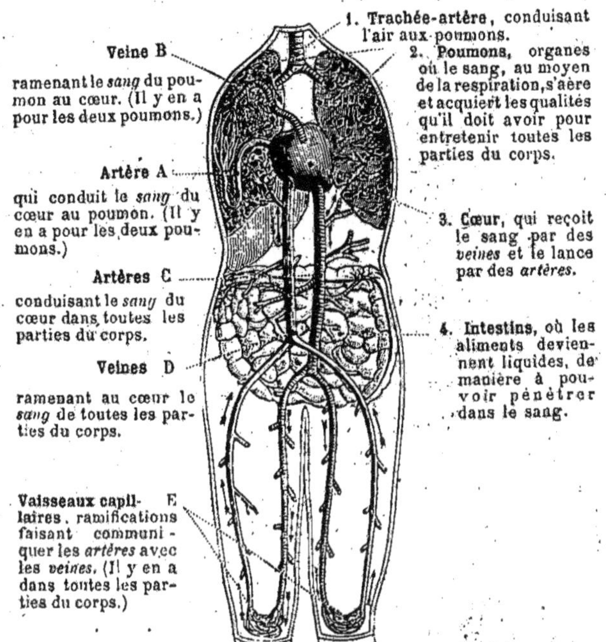

Fig. 17. — Figure conventionnelle et très simplifiée, montrant comment le sang circule dans notre corps. (Lire dans l'ordre des lettres ou des numéros).

lancé par le cœur. **3.** Il n'y a d'abord qu'une grosse artère C partant du cœur. Celle-ci donne naissance à des artères plus petites, qui en fournissent de plus en plus nom-

---

1. Quelle est la fonction du cœur ? — 2. Qu'est-ce qu'une veine et une artère ? — 3. Comment les artères sont-elles distribuées ?

breuses et de plus en plus étroites, à mesure qu'on s'éloigne du cœur. **1.** Elles se terminent par des tubes très fins E, appelés **vaisseaux capillaires** (du latin *capillus*, cheveu), quoiqu'ils soient infiniment plus fins que des cheveux. Ces vaisseaux capillaires *font communiquer les artères avec les veines.* **2.** Celles-ci, d'abord très petites, se réunissent les unes aux autres, et deviennent de plus en plus grosses, de moins en moins nombreuses. Finalement il n'y en a plus qu'une D, au voisinage du cœur.

3. Vous voyez maintenant comment se fait ce qu'on appelle la **circulation du sang.** Le sang est lancé avec une grande rapidité du *cœur* aux *artères*, des *artères* aux *capillaires*; puis des *capillaires* il remonte aux *veines* et des *veines* au *cœur*. Tout ce tour se fait en une demi-minute.

4. C'est là le *grand tour* du *sang*, qui le conduit dans tout le corps. Il y a un autre *tour* plus petit, quand le sang va seulement dans les poumons. Mais c'est toujours la même chose : il passe du cœur dans les *artères pulmonaires* A, puis dans les *capillaires pulmonaires*, enfin dans les *veines pulmonaires* B, qui le ramènent au cœur.

Nous verrons l'année prochaine quelles qualités le sang acquiert en traversant les poumons.

RÉSUMÉ. — 4° DIGESTION. — 5° RESPIRATION. 6° CIRCULATION.

Digestion (p. 14). — **1.** Combien l'homme a-t-il *d'espèces de dents ?*	L'homme a trois espèces de **dents** : les *incisives*, qui sont tranchantes; les *canines*, qui sont pointues; les *molaires*, qui sont grosses et plates.
2. Avons-nous à tout âge le même *nombre* de dents ?	Jusqu'à *sept* ans environ, nous n'avons que vingt dents, (*première dentition*, dents de lait). La *dentition parfaite*, qui se fait ensuite, comprend trente-deux dents.
3. Dans quels organes s'accomplit la *digestion ?*	Les aliments sont broyés avec les *dents* et humectés de *salive*. A l'aide de la *langue*, ils passent dans l'arrière-gorge et

---

1. Comment les veines et les artères communiquent-elles ? — **2.** Comment les veines sont-elles dis- | tribuées ? — **3.** Résumez la circulation du sang. — **4.** N'y a-t-il pas une autre circulation plus petite ?

4. Comment s'accomplit la *digestion* ?

descendent par un long tuyau dans l'estomac. De là, ils entrent dans *l'intestin grêle* et enfin dans le *gros intestin*.

Dans leur parcours à travers les différents organes, les aliments rencontrent les *sucs digestifs* qui les rendent liquides et leur permettent de se mêler intimement au sang.

Respiration (p. 16). — **5.** Quels sont les organes de la *respiration* ?

L'air que nous respirons passe par le *larynx* (organe de la voix), ensuite par un tuyau appelé *trachée-artère*, et de là, va se distribuer dans les deux **poumons**.

6. Quels sont les *effets* de la respiration?

Dans les poumons, le sang acquiert les qualités nécessaires pour nourrir les différentes parties du corps.

Circulation (p. 18). — **7.** Comment le sang *circule-t-il* dans le corps?

Le sang, lancé par le **cœur**, court du cœur aux *artères*, des artères aux *capillaires*, des capillaires aux *veines*, des veines au *cœur*.

8. Comment le sang *circule-t-il* dans les poumons?

De même, il traverse successivement les *artères pulmonaires*, les *capillaires pulmonaires*, puis les *veines pulmonaires*.

LECTURES.

1re LECTURE. — **Composition des os.** — Voici un os de mouton que j'ai mis sur des charbons ardents : il a brûlé et s'est brisé en morceaux. Ceux-ci sont blancs et friables*. Il ne reste plus que la *matière pierreuse ;* la *matière organique** a été détruite par le feu.

J'ai mis, pendant quelques jours, cet autre morceau d'os dans du vinaigre fort. La matière pierreuse s'est dissoute dans le vinaigre, et, cette fois, il ne reste plus qu'une sorte de baguette souple et élastique. C'est la *matière organique*, qui sert à faire de la colle forte comme celle dont se servent les menuisiers.

2e LECTURE. — **Alimentation des enfants en bas âge, rachitisme.** — C'est la *matière pierreuse* qui donne aux os leur rigidité* et leur *dureté ;* sans elle, ils seraient mous et flexibles.

Chez les tout petits enfants, les os ne sont pour ainsi dire constitués que par de la matière animale* ; ce n'est que petit à petit que la matière pierreuse vient les *consolider*.

Cette consolidation marche régulièrement chez les enfants qui sont nourris avec du lait, parce qu'ils le digèrent bien. Elle ne se produit, au contraire, que plus *lentement* et plus *imparfaitement* chez l'enfant qui est nourri **trop tôt** avec des soupes, de la viande et des légumes.

Par suite de cette nourriture mal appropriée, les os de l'enfant restent trop longtemps à l'état *mou* et *élastique*. Les os de l'épine dorsale fléchissent; les os des jambes, ne pouvant soutenir le poids du corps, **se courbent en cerceau**. L'enfant est, comme on dit, *rachitique*, et il y a de grandes chances, s'il vit, pour qu'il soit bossu ou boiteux.

Mais ce n'est pas là le seul inconvénient d'une mauvaise nourriture; elle peut avoir pour conséquence une terrible maladie des intestins, la *diarrhée infantile* *, qui enlève chaque année un nombre considérable de jeunes enfants.

3e LECTURE. — **Fracture des os.** — Il arrive assez souvent qu'à la suite d'une chute ou d'un coup, un os est cassé (fig. 18) : les médecins disent qu'il y a *fracture* *. Ils s'efforcent alors de remettre bout à bout les deux fragments de l'os cassé, puis ils fixent le tout avec des morceaux de bois et des bandes de toile, et ils attendent que les choses se réparent d'elles-mêmes.

En effet, au bout de quelque temps, il se forme entre les deux bouts de l'os une matière qui de-

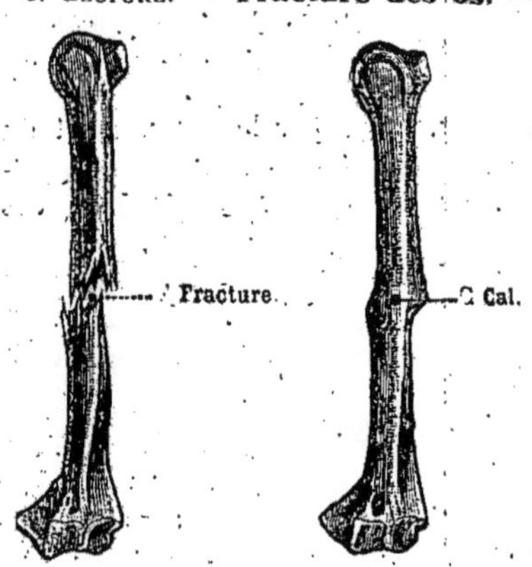

FIG. 18. — Os brisé.

FIG. 19. — Les deux fragments sont sou-dés par le *cal.*

vient de l'os (fig. 19), et qui soude très solidement les deux frag-ments : c'est ce qu'on appelle le *cal* C. L'histoire de la formation de ce cal est bien curieuse; mais je n'ai pas le temps de m'y arrêter, et je souhaite que vous n'ayez pas occasion de l'apprendre à vos dépens.

4e LECTURE. — **Déviations de la colonne vertébrale.** — Le chapelet d'os empilés qui forme la colonne vertébrale est très mobile, et cela est fort commode, car, grâce à cette mobilité, nous pouvons tourner notre corps à peu près comme nous le voulons.

Mais il y a à cela un grand danger. Si l'on prend l'habitude de se tortiller trop, de **s'accouder mal**, de **s'asseoir de travers**, de se coucher sur son pupitre ; si l'on fait, en un mot, tout ce que je vous défends à chaque instant de faire, on risque d'avoir une épaule plus haute que l'autre (fig. 20 et 21) ou bien de se *tordre la colonne vertébrale* et de ne plus pouvoir la redresser. (fig. 22 et 23). On devient ainsi plus ou moins *bossu*. Réfléchissez à cela, et sachez que ce n'est pas pour le plaisir de vous voir bien alignés dans vos bancs que je vous reprends sans cesse. *Vous jouez gros jeu à ne pas m'obéir.*

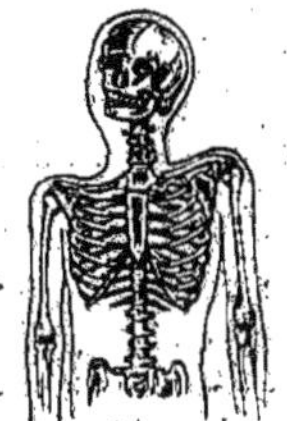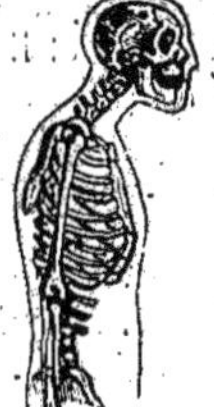

Fig. 20. — Ce qui arrive lorsqu'on s'accoude mal : *épaule haute.* Fig. 21. — Squelette de l'enfant qui a l'épaule haute. Fig. 22. — Tête en avant. Fig. 23. — Colonne vertébrale correspondante.

5e Lecture. — **Maladies des articulations.** — Quand les ligaments articulaires (p. 8) sont fortement tiraillés ou même un peu déchirés, comme cela arrive souvent quand on fait un *faux pas*, il en résulte une **entorse**.

Si le faux mouvement a été assez fort pour *déchirer* presque tous les ligaments d'une articulation, celle-ci se disloque, et les deux os cessent d'être placés bout à bout. Il y a alors ce qu'on appelle une **luxation**.

Les entorses se guérissent toutes seules, avec du repos ; quant aux luxations, c'est une autre affaire : il faut agir vite, tirer fort sur les os, afin de les remettre en place. Après quelques jours, cela est bien difficile ; après quelques semaines, cela devient impossible, et le blessé reste définitivement estropié.

Dans ce pays-ci, quand on attrape une entorse, on se fait porter chez le père Jean, le sabotier, qui a des *secrets*, qui *dit des mots*, et qui prétend *rebouter* les entorses. Le père Jean n'est pas un mauvais homme, et pourtant il fait bien du mal, car il est souvent très difficile de distinguer une entorse d'avec une luxation, ou même d'avec une fracture, et le père Jean est bien incapable de faire cette distinction : il ne sait ni *a* ni *b*. Quand il a affaire à une simple entorse, il n'y a pas un grand mal ; j'ai même entendu dire que sa manière de manier les entorses, de les *masser*, comme on dit, soulage le malade, et les médecins font à peu près de même. Mais si le père Jean se trouve en présence d'une fracture ou d'une luxation, son *massage* ne fait que du mal, et les gens qui se fient à lui s'exposent à rester infirmes. Si je ne craignais de lui faire du tort, je vous raconterais là-dessus de belles histoires ! Il me suffit de vous recommander de ne jamais aller vers le père Jean, ni vers aucun de ses pareils. Vous n'iriez pas leur porter une montre ni même une serrure, à raccommoder, puisqu'ils n'ont jamais été en apprentissage chez un horloger ni chez un serrurier ; et vous leur donneriez à réparer votre corps, c'est-à-dire la machine la plus compliquée qui soit au monde ! Où ont-ils été étudier pour savoir la médecine et la chirurgie* ? M. Durand, notre jeune médecin, a suivi pendant six ans les cours de l'école de médecine, à Lyon, et il était déjà instruit avant d'y entrer. Et le père Jean, qui ne sait ni lire ni écrire ; qui, toute sa vie, n'a fait que des sabots, s'y connaîtrait mieux que lui ? Si l'on ne courait pas tant de risques à se faire soigner par lui, il en faudrait rire.

Mais il y a là un grand danger. Laisser une fracture se solidifier de travers, ou une articulation s'immobiliser n'est pas le plus grave. A mal soigner une entorse, ou en général un coup sur une articulation, on risque même sa vie. Souvent l'articulation *s'enflamme*, il s'y forme de l'eau, puis les os grossissent, et l'on a une maladie terrible, nommée la **tumeur blanche**. Rarement on en guérit sans en être estropié, et parfois même il faut *couper le membre*, bien heureux quand on survit à cette amputation*.

Voilà ce qu'on gagne trop souvent à aller consulter les ignorants dangereux comme le père Jean.

6e LECTURE. — **La gymnastique**. — Quand on fait beaucoup agir un muscle, **il devient plus gros, plus dur et plus fort**. C'est pour cette raison que les boulangers et les forgerons ont de si gros bras (fig. 24), parce qu'ils brassent* avec effort la pâte dans le pétrin, ou qu'ils frappent sur l'enclume avec de lourds marteaux ; cela leur fait grossir les muscles. De même, les gens qui marchent beaucoup ont de gros mollets.

Vous voyez **l'utilité de l'exercice**, et **pourquoi**, quand on a bien travaillé en classe, il est

FIG. 24. — Les muscles qu'on fait agir deviennent plus forts ; voyez ce forgeron.

FIG. 25. — Les gens qui passent leur vie dans les bureaux, ne peuvent pas être bien forts. Il faut prendre de l'exercice.

bon de sauter et de courir. Cela refait les muscles. Les gens qui passent leur vie (fig. 25) dans les *bureaux*, assis, sans bouger,

Réduction d'une page spécimen du « Petit Français illustré »
Dimension réelle : 28 cent. de hauteur sur 19 cent. de largeur.

5 année.   **10 centimes.**   5ᵉ année.

LE

Petit Français illustré

JOURNAL DES ÉCOLIERS ET DES ÉCOLIÈRES

L'ABONNEMENT : UN AN SIX FRANCS
Part du 1er de chaque mois.

Armand COLIN & Cⁱᵉ, éditeurs
5, rue de Mézières. Paris

ÉTRANGER : 7 fr. — PARAIT CHAQUE SAMEDI
Tous droits réservés

P. 3343.   Elle aperçut, sur le perron, un enfant évanoui.   A

Jours d'Épreuves. 1 volume in-18, relié toile, tranches dorées..... **3 fr.**

(Bibliothèque du Petit Français)

comme on le fait à la ville, **ne peuvent pas être bien forts.** *Il faut prendre de l'exercice.*

Mais la meilleure manière de bien exercer ses muscles, *c'est de faire de la* **gymnastique** (fig. 26), parce que les mouvements

F_{IG}. 26. — La *gymnastique* rend fort et prépare au métier de soldat.

gymnastiques ont été réglés de façon à faire agir tous les muscles du corps. En s'y livrant, et en faisant les mouvements **avec vigueur,** et non pas *mollement,* comme vous le faites trop souvent, on ne devient pas seulement fort des *bras* ou des *jambes,* mais du **corps tout entier,** et on est bon pour tous les métiers, sans parler de celui de **soldat,** que tout le monde doit être capable de faire, et dans lequel on court le risque de se faire tuer, quand on n'est pas leste et fort.

7e L_{ECTURE}. — **Les maladies des muscles.** — Les muscles se contractent quelquefois d'une façon exagérée, si bien qu'on en éprouve une vive douleur. Cette contraction est la **crampe.** L'application du froid, du chaud, l'allongement forcé du muscle, la font d'ordinaire très vite cesser.

C'est en partie dans les muscles que siègent les *douleurs,* les *rhumatismes,* dont souffrent si fréquemment les vieillards. Parfois *c'est leur faute,* s'ils souffrent ainsi. Quand ils étaient jeunes, ils n'ont pas pris assez de précautions; ils couchaient dans des lieux **humides,** conservaient leurs habits mouillés, en un mot s'exposaient au **froid humide,** qui est la grande cause des rhumatismes. Je sais bien aussi que trop souvent les pauvres gens ne pouvaient pas faire autrement.

8e L_{ECTURE}. — **Les maladies nerveuses.** — Je vous ai dit que les gens qui vivent enfermés *sont rarement forts.* Ils n'ont pas de gros muscles, et ne se font guère de sang riche. Mais il y a plus : ils font trop travailler leur **cerveau** et leurs **nerfs.** Ils se fatiguent la tête; ils deviennent irritables, *nerveux,* comme on dit, riant et se fâchant sans grands motifs.

Quelquefois même, le cerveau se détraque tout à fait, alors ils divaguent, ils deviennent *fous.* Il ne faudrait pas croire cependant qu'il n'y a de fous que chez les gens qui vivent de professions n'exigeant pas d'exercice. Nos campagnes comptent malheureusement des fous ; il y en a toutefois moins que dans les villes.

Une autre cause de la folie, c'est l'empoisonnement par le **tabac**, par l'**alcool***, et surtout par l'**absinthe** * (fig. 27 et 28).

FIG. 27. — Soyez sobre,
vous vous porterez bien.

FIG. 28. — Si vous vous adonnez à l'ivrognerie, voilà ce
que vous deviendrez.

Les gens qui s'enivrent souvent meurent presque toujours de bonne heure, ou ont une triste vieillesse. Ils sont tremblotants, sans mémoire, comme engourdis. Autant il en arrive à ceux qúi fument trop et surtout à ceux qui commencent trop jeunes (fig. 29). *A bon entendeur**, *salut!*

FIG. 29. — Ils veulent « faire l'homme, »
ils *fument* et détèriorent leur santé.

9e LECTURE. — **Congestions cérébrales.** — Quelquefois le sang arrive en trop grande quantité au cerveau ; on éprouve des maux de tête, des étourdissements : c'est la **congestion** * **cérébrale**. Cela n'est pas bien dangereux.

D'autres fois, le sang sort des *vaisseaux* où il est contenu, et s'épanche dans le cerveau. C'est ce qu'on appelle une **hémorragie** * **cérébrale**. Presque toujours, dans cet accident, le malade perd l'usage de ses membres ; il est, en d'autres termes, *paralysé*. La mort peut arriver également.

Dans les deux cas, qu'il est souvent fort difficile de distinguer, les **premiers soins** à donner au malade, en **attendant le médecin**, sont les mêmes. Il faut lui tenir la tête élevée, desserrer les habits pour que la circulation du sang ne rencontre aucun obstacle, promener des sinapismes* sur les jambes, placer sur la tête des compresses d'eau froide.

10ᵉ Lecture. — **Hygiène de la digestion.** — Quand on met une dent dans du vinaigre, elle s'y dissout* comme le fait un os (p. 21). Or, il se forme dans la bouche, surtout quand on ne se porte pas très bien, des *acides* * qui finissent par attaquer les dents. Celles-ci se creusent, se *carient* (fig. 30), et il en résulte de vives douleurs; et il faut avoir recours à l'instrument du dentiste. **Si on prenait soin de se laver la bouche tous les jours,** on éviterait la plupart des maux de dents.

Ce sont les précautions de cette espèce qui forment ce qu'on appelle l'**hygiène.** Il y a là des choses bien importantes à connaître, car *il est plus facile de prévenir les maladies par l'hygiène que de les guérir par la médecine.*

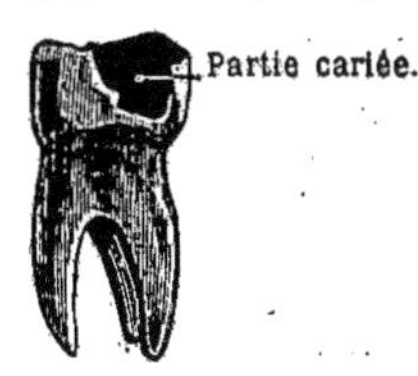

Fig. 30. — Dent cariée. Si l'on prenait soin de se *laver la bouche* tous les jours, on éviterait la plupart des maux de dents.

Le meilleur moyen d'échapper à la plupart des maladies est de régler ses repas, de prendre des aliments sains et suffisants, et surtout de ne pas trop manger. C'est en mangeant trop, ce qui amène des indigestions avec leurs suites répugnantes, c'est en se régalant de fruits verts, comme faisait l'autre jour maître Jules, qu'on arrive non seulement à avoir triste mine, à se donner des douleurs d'entrailles, des *coliques,* mais que finalement on se **détraque** l'estomac et les intestins. Et alors, adieu la tranquillité d'esprit et la bonne humeur! L'homme qui a mal à l'estomac rend les gens qui l'entourent aussi malheureux que lui.

Vous savez tous qu'il y a des aliments fournis par les *animaux,* comme la viande, les œufs, le lait et ses produits; d'autres par les *végétaux* *, comme le pain et les légumes verts ou farineux.

Il y a avantage à bien faire *cuire* les aliments, surtout les viandes : ils se digèrent mieux et puis, on détruit ainsi certains petits êtres qui s'y trouvent quelquefois et qui peuvent nous donner des maladies graves.

C'est aussi à cause de la présence de ces petits êtres qu'il n'est pas prudent de boire des eaux bourbeuses et impures, surtout en été, sans y ajouter un peu d'eau-de-vie, ou mieux encore, sans les faire bouillir.

11ᵉ Lecture. — **Fièvre typhoïde.** — Ceci m'amène à vous parler des gens qui transforment de vieux puits en fosses d'aisances, ou qui laissent subsister des fosses mal jointes; c'est épouvantable! Tous les liquides passent à travers le sol et vont **empoisonner** les puits voisins ou les eaux souterraines. Ceux qui boivent ces eaux risquent de gagner la terrible fièvre typhoïde. On s'effraye du choléra : les victimes des infiltrations sont bien plus nombreuses.

12ᵉ Lecture. — **Empoisonnements.** — L'estomac n'est pas le moins du monde intelligent, et il *absorbe* * tout, aussi bien ce qui

nous est utile que ce qui nous fait du mal. Les aliments, les médicaments utiles, les poisons les plus abominables, comme l'arsenic,
les champignons vénéneux, etc., peuvent être absorbés par lui
indistinctement.

Quand, par malheur, un *poison* a été avalé, il faut, en attendant l'arrivée du médecin, se hâter de **faire vomir** le malade, car
il est possible que tout le poison ne soit pas *absorbé*, et qu'il en
reste encore dans l'estomac. Le plus simple, pour faire vomir, est
de faire avaler beaucoup d'**eau tiède** et de chatouiller le **fond** de
la gorge avec les barbes d'une plume.

Il n'y a pas de **contrepoisons** capables de **neutraliser** * *toutes
les espèces de poisons.* Mais il y a certains remèdes qui sont utiles
dans un grand nombre de cas, et qu'on peut d'ailleurs toujours
donner sans danger. Le **lait** et le **blanc d'œuf** sont de ceux-là.

Lorsqu'on a fait vomir la personne qu'on croit empoisonnée, le
mieux est donc de lui faire prendre une grande quantité de lait
ou d'eau, dans laquelle on a battu des blancs d'œufs.

13e Lecture. — **Asphyxie.** — Le *poumon* n'est pas plus intelligent que l'estomac. Il absorbe tout, aussi bien les poisons gazeux
que l'air qui nous est nécessaire. Si vous laissez dans votre chambre
un réchaud avec des **charbons allumés**, le poumon ne vous aver-
tira pas, et vous vous empoisonnerez avec les *gaz* produits par la
combustion du charbon. C'est à vous d'aviser et de prendre vos
précautions.

Les médecins ont utilisé cette docilité des poumons pour une
chose admirable : *la suppression de la douleur dans les opérations.*
On fait respirer au malade cer-
taines vapeurs, surtout du **chloroforme** *, et alors il s'endort et
ne sent plus rien. Quand l'année
dernière on a coupé la jambe au
père Jérôme (fig. 31), M. Durand
m'a prié de l'aider, et je n'ai pas
pu refuser. Cependant, je crois
que si cela s'était passé comme
il y a quelques années, avec des
cris tout le temps je n'aurais
pas pu assister à l'opération. Eh

Fig. 31. — Amputation de la
jambe.

bien, on a endormi Jérôme, on l'a *opéré* et quand il s'est réveillé,
il a demandé quand on se déciderait à lui couper sa jambe. Et
c'était fini depuis longtemps! Quelle belle chose que la science.

14e Lecture. — **Les médicaments.** — Il y a des médicaments qui font vomir: on les appelle des *vomitifs.* D'autres sont
purgatifs, et ont pour effet d'augmenter la quantité des liquides
de l'intestin. D'autres enfin font le contraire, et sont utilisés pour

combattre les *diarrhées*. Pour l'emploi de tous ces médicaments, il faut se défier des bonnes femmes qui prétendent tout savoir, et ne s'en rapporter qu'aux médecins.

15ᵉ LECTURE.— **Coupures**.— La coagulation* du sang nous rend de bien grands services. Sans elle, quand on se coupe, tout le sang sortirait du corps, tant que le cœur battrait. Mais il se forme un caillot* qui arrête tout.

Les **veines**, même lorsqu'elles sont assez grosses, peuvent être ouvertes sans de trop grandes pertes de sang. Cela tient à ce qu'elles ont des parois* minces qui s'affaissent* aisément. Aussi c'est sur une veine que les médecins *saignent* au pli du bras.

Pour les **artères**, c'est autre chose. Elles ont des parois épaisses, et, quand on les coupe, le sang en sort avec force, et jaillit à plusieurs pieds de distance; il y a alors grand danger et il faut recourir au médecin. Mais en attendant, que feriez-vous ? Voyons, Jacques, grand garçon? Vous ne savez pas? — Raisonnons. Pourquoi le sang jaillit-il ainsi? — Monsieur, c'est parce que le cœur le pousse. — Bon. Eh bien, supposons que l'artère soit ouverte dans votre main, *si vous serrez fortement le bras avec une ficelle*, entre la plaie et le cœur, vous empêcherez le sang de passer et l'hémorragie* s'arrêtera.

FIG. 32.— Homme ayant une *artère* ouverte à la main ; on serre fortement l'avant-bras avec une corde pour arrêter le sang.

Si donc vous vous trouviez en présence d'un homme qui ait une artère ouverte, celle de la main par exemple (fig. 32), il faudrait serrer fortement l'avant-bras avec une corde, jusqu'à ce que le sang s'arrête.

Tendez le bras, je vais serrer, mais seulement avec votre mouchoir, pour ne pas vous faire mal. Regardez; votre main rougit, puis devient violette; c'est le sang qui ne peut plus revenir au cœur et qui gonfle les veines de la peau. Est-il arrêté dans les *artères?* Vous n'en savez rien, n'est-ce pas? Nous allons le chercher ensemble.

Je tâte donc avec soin votre avant-bras, près de la naissance* du pouce. Ah! je sens votre **pouls***, et j'en conclus que le sang passe encore dans l'artère. Car votre pouls, que vous sentez bien, vous aussi, maintenant, est produit par les coups du cœur qui lance le sang dans les artères.

En voulez-vous la preuve? Venez ici, Jules, tâtez le pouls de Jacques et mettez-lui l'autre main sur le cœur. Que sentez-vous?
— Monsieur, tous deux battent en même temps. — Cela a lieu en

effet. Vous voyez qu'un simple mouchoir ne suffit pas pour arrêter
la circulation du sang dans les artères, et qu'il faut serrer plus
fort, **avec une corde.**

16ᵉ Lecture. — **L'épiderme.** — Henri, vous avez été malade
il y a quelques jours, et le médecin vous a placé un **vésicatoire***
sur la poitrine. Pouvez-vous nous dire ce qui est arrivé? — Monsieur, j'ai été soulagé, mais j'ai bien souffert. — Oui, mais cela
ne nous apprend rien. Comment le vésicatoire a-t-il agi? — Monsieur, il a fait lever une grosse *cloque*, avec de l'eau dedans. On a
percé la cloque et, dessous, c'était tout à vif. — Eh bien, cette
cloque, ou mieux cette *ampoule*, était formée par la plus grande
partie de l'*épiderme* qui a été soulevé et séparé du *derme*. C'est
celui-ci qui était à vif et très sensible. Voudriez-vous nous montrer la place du vésicatoire, mon enfant? Voyez, elle est toute rouge
encore, mais on peut y toucher sans faire mal à Henri. Il s'est
formé là un nouvel épiderme, qui cependant n'est pas encore aussi
épais que l'ancien.

La même chose arrive dans les brûlures, et vous en avez sans
doute presque tous fait l'expérience à vos dépens.

Il y a une maladie, la *scarlatine**, où, après la guérison, l'épiderme s'en va par grands lambeaux. On peut quelquefois retirer
celui de la main comme un gant.

Quand un point de notre corps est exposé à des frottements,
l'épiderme y devient beaucoup **plus épais**, ce qui protège le derme.
C'est ainsi que les ouvriers ont les mains *calleuses*.

17ᵉ Lecture. — **La sueur.** — Il est très important pour la
santé que la peau fonctionne bien. Or, à sa surface s'accumulent
sans cesse des enduits gras et des débris d'épiderme. De là, la
nécessité des lavages, des bains, en un mot de la **propreté de la
peau.** Quand on ne tient pas la peau propre, il y apparaît souvent
des boutons et d'autres maladies cutanées *. Il en résulte encore un
autre inconvénient: on sent *très mauvais* et on devient, pour ses
voisins, un sujet de dégoût et même de mépris.

Quand on est en sueur, comme il arrive souvent à la suite
d'un violent exercice, ou dans les grandes chaleurs de l'été, il faut
prendre bien garde aux refroidissements. La suppression de la
sueur, qui en est la conséquence, amène souvent des **maladies
des intestins** (coliques, diarrhées), du **poumon** (rhumes, fluxions
de poitrine, pleurésies), ou des **douleurs rhumatismales.** Les
bonnes femmes n'ont pas trop tort quand elles parlent des dangers
d'un *sang glacé*, comme elles disent.

Le mieux, quand on s'est ainsi refroidi, c'est d'essayer de **rappeler la sueur**, en se mettant au lit et en buvant quelque tisane
bien chaude; ou encore, si on est dehors, *en marchant très vite*,
de manière à activer la circulation du sang et à ramener ainsi la
chaleur du corps.

II. — LES ANIMAUX

23. Classification des animaux. — Après avoir
étudié l'homme, nous allons passer à l'étude des animaux,
et je suis bien sûr, mes enfants, de n'avoir pas à craindre
de vous ennuyer en abordant ce sujet. Rien, en effet, n'est
plus intéressant que leur histoire ; et il me serait même
très facile de vous amuser pendant bien des leçons, en
vous racontant leur manière de vivre, les services qu'ils
nous rendent, les dangers qu'ils nous font courir.

1. Mais nous devons procéder avec ordre, et, pour cela, il
ne faut pas étudier les animaux les uns après les autres,
comme au hasard. Il faut suivre ce que les naturalistes *
appellent une
classification.
Il est nécessai-
re de rappro-
cher les uns
des autres les
animaux qui
*se ressemblent
le plus*, afin de
n'avoir pas be-
soin de répé-
ter, à propos
de chacun
d'eux, les ex-
plications qui
conviennent à

Fig. 1. — Un cheval a des os (animal vertébré).

tous. C'est ainsi qu'en mettant à côté l'un de l'autre tous
les **oiseaux**, on a dit une fois pour toutes qu'ils ont un
bec, des ailes et des plumes.

24. Animaux à os et animaux sans os. — Oui,
il faut faire comme les savants, et mettre tout cela en
ordre.

---

1. Qu'appelle-t-on classification ?

1. Eh bien, les savants ont d'abord remarqué qu'un très grand nombre d'animaux *ont des* **os** dans l'intérieur du corps, tandis que d'autres animaux, aussi nombreux que les premiers, *n'en ont pas*. Ainsi un homme, nous l'avons vu déjà, **a des os**, un *cheval* aussi (fig. 1), un *poisson* aussi (fig. 2), une *poule* aussi (fig. 3), et de même un

FIG. 2. — Un poisson a des os (animal vertébré).

FIG. 3. — Une poule a des os (animal vertébré).

serpent (fig. 4), une *grenouille* (fig. 5.) ; tandis qu'une *limace*

FIG. 4. — Un serpent a des os (animal vertébré).

FIG. 5. — Une grenouille a des os (animal vertébré).

(fig. 6) **n'a pas d'os**, ni un *hanneton* (fig. 7), ni une *écrevisse* (fig. 8), dont la peau seule est dure.

FIG. 6. — Une limace n'a pas d'os (animal invertébré).

2. Cela fait donc déjà deux grandes catégories : les **animaux à os** et les **animaux sans os**. — On appelle **squelette** l'ensemble des os, nous le savons déjà.

25. Les vertébrés et les invertébrés. — **3.** Tous les animaux qui ont des os ont aussi, comme l'homme, une *colonne* vertébrale. Par suite, on a désigné les animaux à os sous le nom d'**animaux vertébrés** ; et les autres, par conséquent, sous le nom d'**animaux invertébrés** (c'est-à-dire *non vertébrés*).

Un autre signe, un autre *caractère*, très anciennement

reconnu et très important, sert à distinguer les *vertébrés* des *invertébrés*. 1. C'est que les vertébrés seuls ont dans le corps du **sang rouge** comme le nôtre. Vous avez pû déjà le vérifier, sans doute plus d'une fois, chez nos animaux domes-

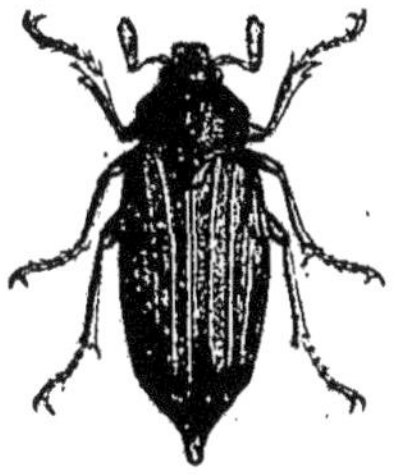

Fig. 7. — Un hanneton n'a pas d'os (animal invertébré).

Fig. 8. — Une écrevisse n'a pas d'os (animal invertébré).

tiques. De même, les serpents, les grenouilles, les poissons ont du *sang rouge*.

Si, au contraire, vous piquiez un hanneton, une limace, une écrevisse, il n'en sortirait qu'un liquide **non coloré**.

RÉSUMÉ. — LES ANIMAUX.

Classification des animaux (p. 31). — **1.** Quels sont les deux grands groupes d'animaux ?

2. Quel nom donne-t-on à ces deux groupes d'animaux ?

3. Que présentent de *particulier* les *vertébrés* ?

Les deux grands groupes d'animaux sont : les animaux qui *ont des os*, et les animaux qui *n'ont pas d'os*.

On nomme **vertébrés** (qui ont des vertèbres) les animaux qui ont des os, et **invertébrés** (sans vertèbres) les animaux qui n'ont pas d'os.

Les vertébrés présentent ce caractère distinctif que, seuls, ils ont du **sang rouge**.

I. — VERTÉBRÉS

26. Division des vertébrés. — Je vais vous dire d'abord quelque chose qu'il faut apprendre par cœur.

---

1. Quel est le second caractère général des vertébrés ?

2.

1. Parmi les *vertébrés* on distingue :

1° Les **Mammifères** (porteurs de mamelles) (fig. 9), qui nourrissent leurs petits avec du lait;

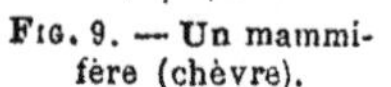

Fig. 9. — Un mammi-
fère (chèvre).

Fig. 10. — Un oi-
seau (tourterelle).

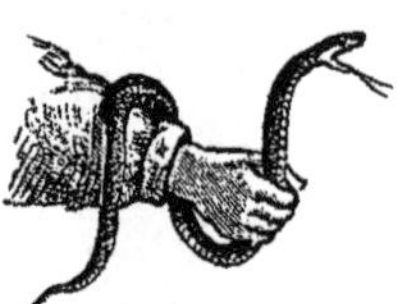

Fig. 11. — Un reptile
(couleuvre).

2° Les **Oiseaux** (fig. 10);
3° Les **Reptiles** (fig. 11);

Fig. 12. — Un amphibien
(grenouille).

Fig. 13. — Un poisson
(saumon).

4° Les **Amphibiens** (fig. 12);
5° Les **Poissons** (fig. 13).

Nous allons chercher à connaître les caractères de ces différents groupes.

VERTÉBRÉS. — I. Mammifères.

27. Le chien Fox. — Vous connaissez déjà un **mam-mifère**: c'est l'homme, que nous venons d'étudier. Je pour-rais donc me borner à vous dire : « Les organes que vous « avez rencontrés chez l'homme, vous les trouverez aussi « chez les autres mammifères; les fonctions que vous avez « vu accomplir à ces organes chez l'homme, vous les ver-« rez également s'accomplir chez les autres mammifères. » Je crois cependant qu'il est utile d'examiner de près un mammifère ordinaire; nous allons prendre pour exemple mon brave Fox qui va nous laisser faire docilement.

---

1. En combien de classes se divisent les vertébrés?

1. Nous voyons d'abord que la peau de Fox est toute couverte de *poils*. Ces poils grandissent sans cesse, et si nous les tondions, il leur arriverait ce qui arrive à ceux de mon menton, quand je me rase : ils repousseraient aussitôt.

2 Le corps de maître Fox se compose de plusieurs parties. Il y a la **tête**, le **cou**, le **corps** proprement dit, la **queue**.

3. En avant de la **tête** s'ouvre la *bouche*, avec deux *mâchoires* garnies de *dents* blanches et aiguës. La *mâchoire inférieure* F (fig. 14), est **mobile** * de haut en bas ; la *mâchoire supérieure* G est **fixée** au reste de la tête.

Au-dessus, voici deux trous H, les deux *narines*, avec lesquelles Fox respire et flaire *.

Plus haut, deux *yeux* I, séparés l'un

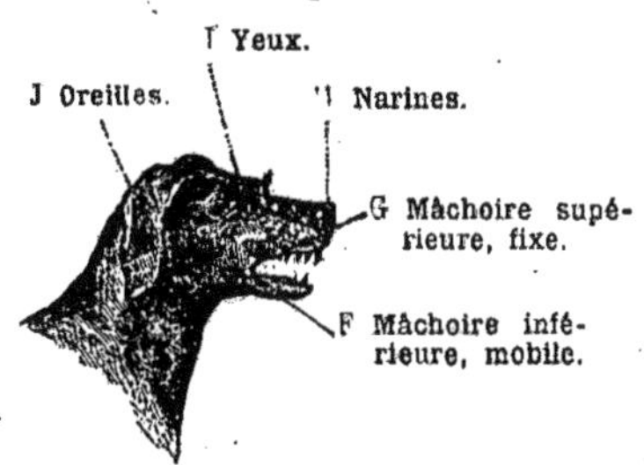

Fig. 14. — La tête de Fox.

de l'autre, et munis chacun de deux *paupières mobiles*.

Sur les côtés, deux *oreilles* J, dont la partie extérieure ou *pavillon* remue sans cesse. Au fond du pavillon, voici l'orifice* d'entrée du *conduit auditif**.

Du **cou**, je n'ai rien à vous dire, sinon qu'il est assez flexible pour permettre à l'animal de tourner la tête de tous côtés.

4. Passons au **corps**. A première inspection, nous y reconnaissons deux parties. La première C (fig. 15), comprise entre les côtes, solide et résistante, avec des os sous la peau, c'est la *poitrine ;* l'autre I, molle et flasque, c'est l'*abdomen*.

5. De chaque côté de la poitrine, voici les *membres antérieurs**. Vous voyez qu'ils sont complètement libres, et que je puis faire remuer sur les parois* de la poitrine

---

1. Que remarquez-vous sur la peau du chien? — 2. Quelles sont les principales parties extérieures du chien? — 3. Énumérez les diverses parties de la tête du chien? — 4. Énumérez les diverses parties du corps du chien? — 5. De quoi se composent les membres antérieurs ?

même la partie B qui est cachée sous la peau. Cette
partie, c'est *l'épaule;* puis vient le *bras* D, puis *l'avant-*

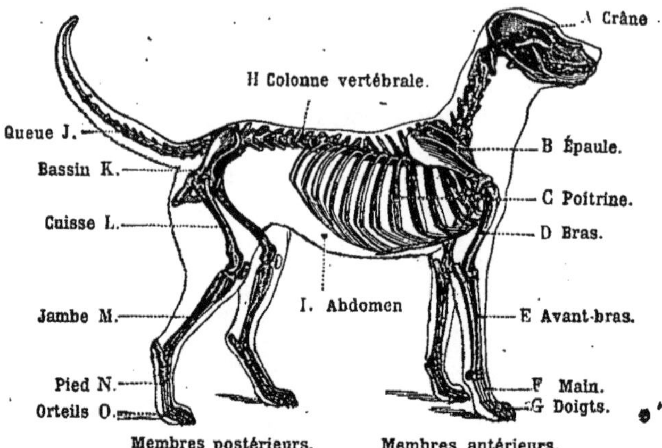

Fig. 15. — Le squelette de Fox.

bras E, enfin la *main* F, avec les *doigts* G, et les *ongles* en
forme de *griffes.*

1. En arrière de l'abdomen sont les *membres postérieurs* *.
Comme chez l'homme, ils s'attachent au **bassin** K. Voici
ensuite la *cuisse* L, puis la *jambe* M, puis le *pied* N, qui
ressemble à la main du membre antérieur, ainsi que les
orteils O.

Enfin la *queue* J, longue, flexible, avec une série de
vertèbres, que vous sentez aisément.

2. Tous les *mammifères* ressemblent plus ou moins à
notre chien. Mais il y a entre eux de grandes différences
dans la forme des membres, dans la nature des dents, etc.,
suivant le genre de vie que les animaux sont appelés à
mener.

Une bête qui *grimpe* ne peut pas être faite comme une
bête qui *nage;* une bête qui mange de *l'herbe* ne peut pas
être faite comme une bête qui mange de la *viande.*

28. Un mouton. — Tenez, regardons ce mouton appri-

---

1. De quoi se composent les membres postérieurs? — 2. D'où viennent les différences qu'on remarque entre les mammifères?

voisé (fig. 16) que le père André a bien voulu me prêter
pour vous le faire
examiner de près.
Certainement il est
fait « en gros » com-
me notre chien : il
a du poil, une tête,
un corps, quatre
pattes, des dents.
Tout cela se res-
semble, « en gros, »
je vous le répète.

Fig. 16. — Le mouton
du père André.

Fig. 17. — Patte de
mouton terminée
par un *sabot* S.

1. Mais regardons
les pattes (fig. 17). Au lieu d'**ongles** en forme de *griffes*, nous
trouvons, chez notre mouton, ce qu'on appelle des *sabots* S.
L'animal marche dessus, et ces sabots ne peuvent lui servir
qu'à marcher, tandis que chez un chien et surtout chez un
chat, les griffes sont des *armes* très puissantes, comme vous
l'avez certainement appris plus d'une fois à vos dépens.

**29. Division des mammifères en carnivores
et en herbivores.** — Mais voici une chose plus importante. Ouvrez la bouche du mouton, Jacques, tandis que je
vais tenir ouverte celle de Fox. Toutes deux sont garnies de
dents Mais quelle différence !

2. Voyez sur les côtés, chez Fox (fig. 18), ces quatre
dents A, lon-
gues et poin-
tues, les *ca-
nines*; au de-
vant, ces
dents tran-
chantes B, les
incisives, qui
glissent l'une
contre l'au-
tre, comme
les deux la-

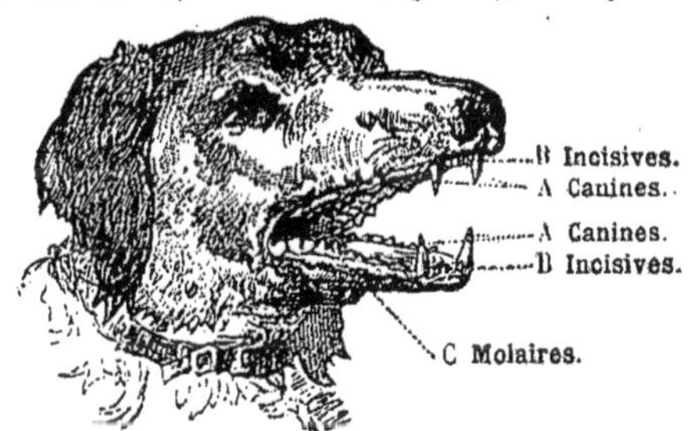

Fig. 18. — Les *mâchoires* et les *dents* de Fox. (La peau
des joues a été fendue pour qu'on puisse voir les dents.)

mes d'une paire de ciseaux, quand le chien referme la

---

1. Quelle différence y a-t-il entre
les pattes du chien et celles du
mouton ? — 2. Énumérez les différentes espèces de dents que possède le chien.

bouche ; enfin, en arrière, ces molaires C, tranchantes aussi.

1. Chez le mouton (fig. 19), pas de *canines*, mais en avant, et seulement à la machoire inférieure, des *incisives* I ; en arrière, de grosses *molaires* M, faites comme des meules*.

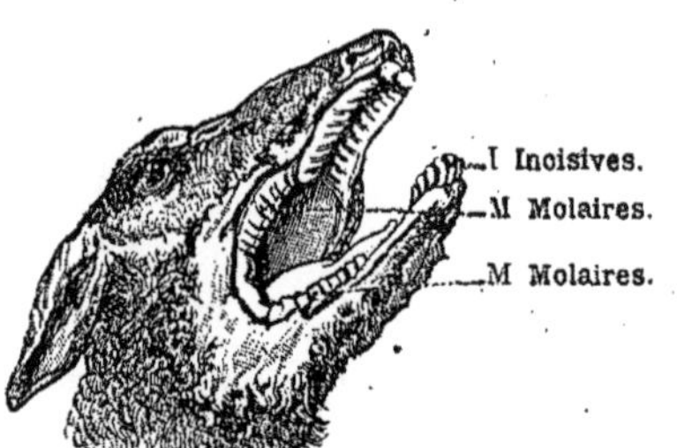

Fɪɢ. 19. — Les *dents* du mouton. (La peau des joues a été fendue.)

2. Avec ses *canines* aiguës, Fox pourrait étrangler le mouton, et il mangerait admirablement bien sa chair en la *hachant* avec ses dents du fond.

Au contraire, le mouton ne peut mordre ; mais ses grosses molaires plates *broient* parfaitement l'herbe ou le grain qu'on lui donne. En mangeant, le mouton remue, comme vous voyez, la mâchoire inférieure **horizontalement**, de *droite à gauche* et de *gauche à droite*, et fait ainsi frotter l'herbe sous les « meules » de ses mâchoires. Fox, lui, ne remue guère la mâchoire inférieure que de *haut en bas*.

3. Ainsi, vous voyez que la manière dont est construit le chien lui permet de courir pour attraper sa proie, de l'attaquer avec ses griffes, de l'étrangler avec ses dents de devant, de la dévorer avec ses dents du fond. Tout indique que le chien est un animal mangeur d'animaux, mangeur de *chair*, un **carnivore**.

Le mouton lui, ne peut que couper l'herbe, la broyer, et s'enfuir en courant sur ses sabots quand il sent venir le danger. C'est un mangeur d'*herbe*, un **herbivore**.

On peut donc diviser les mammifères en deux grandes catégories : les **carnivores** qui sont mangeurs et les **herbivores** qui sont mangés.

---

1. Énumérez les espèces de dents que possède le mouton. — 2. Montrez la différence d'usage des dents chez le chien et chez le mouton. — 3. D'après la dentition et la nourriture, comment peut-on diviser les mammifères ?

Carnivores.

30. Famille des chats. — Les vrais *mangeurs de*

Fig. 20. — Chasse au lion (Afrique). La lionne est tuée.
Le lion s'apprête à venger sa compagne.

chair sont ceux qui poursuivent et tuent les autres mammifères.

1. Il faut placer en tête les **chats** : ce sont les mieux montés en dents et en griffes. Ce sont aussi les plus **carnivores**. Les chiens, en effet, se résignent encore à manger du pain, des pommes de terre, etc.,

Fig. 21. — Le jaguar habite l'Amérique du Sud; il est presque aussi grand mais bien moins féroce que le tigre.

tandis que les chats méprisent absolument cette nourriture végétale*.

1. Qu'est-ce qui distingue la famille des chats?

1. C'est dans la famille des **chats** que se trouvent les *bêtes*

Fig. 22. — Les **panthères** habitent les forêts d'Asie et d'Afrique. —
Panthères attaquant des singes cynocéphales (à têtes de chiens).

Fig. 23. — En Asie, on chasse le **tigre** avec des éléphants. Le tigre est
plus féroce et surtout plus hardi que le lion .

---

1. Quels sont les principaux animaux qu'on range dans la famille des
chats ?

féroces redoutables même pour l'homme : le *lion* d'Afrique (fig. 20), le *jaguar* d'Amérique (fig. 21), la *panthère* (fig. 22), le *tigre* d'Asie (fig. 23). Bien d'autres espèces de moindre taille, entre autres notre *chat sauvage* (fig. 24), ne font la chasse qu'aux petits animaux.

Fig. 24. — Le chat sauvage (France) détruit beaucoup d'oiseaux et de petits animaux.

31. Famille des chiens. — 1. C'est celle de notre brave Fox. Cette famille est, elle aussi, très bien dotée de dents et de griffes, mais ces griffes ne sont pas aussi propres à déchirer que celles des chats. Les *loups* (fig. 25) n'attaquent l'homme, en général, que lorsqu'ils sont poussés par la faim ou réunis en grandes troupes. Les *renards* (fig. 25 *bis*) ne sont

Fig. 25. — Traineau russe attaqué par une bande de loups.

Fig. 25 *bis*. — Le renard fait la chasse aux poules, aux oies, aux canards.

Fig. 26. — Le chacal (Afrique) n'est pas à craindre.

Fig. 27. — Hyène d'Afrique. Se nourrit surtout d'animaux morts.

redoutables que pour les basses-cours. Les *chacals* (fig. 26),

---

1. Qu'est-ce qui distingue la famille des chiens, et citez quelques animaux de cette famille ?

petits loups d'Afrique, ne sont pas à craindre. Il en est de
même des *hyènes* (fig. 27), dù même pays, qui, malgré leur
taille, leur force et leur appétit carnassier, n'attaquent
jamais l'homme.

32. Famille des ours. — 1. Certains ours, et

Fig. 28. — Ours blancs attaquant un canot dans les mers polaires *.

surtout l'*ours blanc* (fig. 28), qui vit sur les glaces du pôle *
nord, n'hésitent pas à se jeter
sur l'homme. Mais notre *ours
brun* des Alpes et des Pyrénées
(fig. 29) est beaucoup plus pacifique *.

Fig. 29. — L'ours brun des Pyrénées et des Alpes. Plus
pacifique que l'ours blanc.

2. Il existe encore quantité
d'espèces de petits *carnivores*
qui s'attaquent aux petits mammifères et aux oiseaux. Tels
sont, dans nos pays (fig. 30), la *fouïne*, la *belette*, le

---

1. Que savez-vous des ours? — 2. Connaissez-vous d'autres petits
carnivores?

putois et l'*hermine*, celle-ci beaucoup plus rare que les autres.

FIG. 30. — Putois, hermine, belette, fouine (petits carnivores).

33. Insectivores. — 1. D'autres carnivores de petite taille sont bien des mangeurs de chair, mais ils se nourrissent de petites bêtes et particulièrement d'*insectes*. De là leur nom d'**insectivores.**

Les plus connus dans nos pays sont la *taupe* (fig. 31), qui creuse sous le sol, avec ses fortes pattes de devant A, B, de longues gale-

FIG. 31. — La taupe. A B, *pattes très larges* avec lesquelles elle ramène la terre en arrière.

ries dont elle amoncelle *la terre pour former ces *taupinières* qui font le désespoir des faucheurs; le *hérisson* (fig. 32),

FIG. 32. — Le hérisson (animal utile). Se nourrit d'insectes.

FIG. 33. — Le hérisson, attaqué par un chien, se roule en boule.

qui se roule si bien en boule et oppose ses piquants à la gueule du chien qui le menace (fig. 33); les *musa-*

---

1. Qu'appelez-vous *insectivores*, et citez les plus connus de ces animaux ?

raignes (fig. 34), qui ressemblent à des souris; enfin les *chauves-souris* (fig. 35).

Oui, les chauves-souris!

FIG. 34. — La **musaraigne** (animal utile). Se nourrit d'insectes.

FIG. 35. — La **chauve-souris** (animal utile). Se nourrit d'insectes.

J'entends Jacques; il dit que les chauves-souris sont des oiseaux, parce qu'elles volent. **1.** Non, ce ne sont pas des oiseaux, car elles n'ont pas de plumes, mais du poil sur la peau, et des dents aux mâchoires au lieu d'un bec. Ah! je le reconnais, cela est fort curieux.

34. Piscivores. — **2.** Il y a des carnivores qui ne mangent que de la chair de poisson. On leur a donné pour cette raison le nom de **piscivores** (du latin *piscis*, poisson).

3. Ces mammifères, vivant presque continuellement dans l'eau, ont le corps disposé pour nager et plonger aisément. Ils ont de plus, sous la peau, une couche très épaisse de graisse qui les protège contre le froid.

4. Il y en a qui viennent de temps en temps à terre se reposer, digérer et dormir. Ceux-ci ont le corps couvert d'un poil abondant, et quatre pattes qui, bien qu'aplaties et transformées en *nageoires*, leur permettent de se traîner assez bien sur le sable.

Les *phoques* (fig. 36) sont les

FIG. 36. — On chasse les phoques pour leur graisse, dont on fait de l'huile. On les assomme à coups de bâton.

1. Pourquoi la chauve-souris n'est-elle pas un oiseau? — 2. Que veut dire *piscivore*? — 3. Qu'est-ce qui distingue les mammifères piscivores? — 4. Les phoques et leurs semblables restent-ils toujours sous l'eau? — Où vivent-ils?

plus connus des piscivores ; on en voit, mais en très petit
nombre, sur nos côtes de France. Les *morses* (fig. 36) aux
énormes défenses, vivent dans les mers du Nord.

1. D'autres mammifères *piscivores* ne quittent jamais
l'eau ; presque tous sont marins. On les appelle des
cétacés. Ils n'ont plus que deux pattes, celles de devant,
et ces pattes sont allongées et aplaties de façon à former
de puissantes *nageoires*. Ils ont une autre nageoire à la
queue, et souvent une sur le dos. Avec cela, peu ou pas
de poils.

Aussi, beaucoup de personnes les considèrent comme
des poissons. Je
suis sûr que si
je demandais à
Henri si la *ba-*
leine (fig. 37) est
un poisson, il me
répondrait oui,
n'est-ce pas ? —
Oui, monsieur.
— Et pourquoi ?
— Parce qu'elle
vit dans l'eau.

Fig. 37. — La **baleine** (30 mètres de longueur) n'est
pas un poisson, mais un *mammifère*. On la pêche
pour en tirer de l'*huile*, qu'elle fournit en abondance.

— Eh bien, mon enfant, les apparences sont souvent trom-
peuses. Jacques prenait tout à l'heure les chauves-souris
pour des oiseaux, parce qu'elles volent. C'était une erreur.
Maintenant vous prenez la baleine pour un poisson, parce
qu'elle nage. C'est une autre erreur. Il faut aller davantage
au fond des choses.

2. Or, la baleine *n'a pas d'écailles ; elle nourrit ses petits*
avec son lait, et elle ne vit pas dans l'eau de la même
manière qu'un poisson. Si vous étiez assez forts pour la
tenir sous l'eau, sans qu'elle pût venir respirer à la surface, elle se noierait assez vite. La baleine est donc bien
un **mammifère**, et non un poisson.

3. La *baleine*, malgré sa taille énorme, qui dépasse quelquefois 30 mètres de longueur, ne se nourrit que de tout petits
animaux. Elle a le gosier si petit qu'à peine pourrait-il y
passer un poisson d'un kilogramme.

1. Comment sont constitués les cétacés ? — 2. Pourquoi les cétacés ne
sont-ils pas des poissons ? — 3. Quelle
est la nourriture de la baleine ?

1. Elle n'a pas de dents; cela ne lui servirait pas à grand'chose pour manger de si petites bêtes. Mais de sa mâchoire supérieure (fig. 38) descendent de longues lames élastiques, nom-

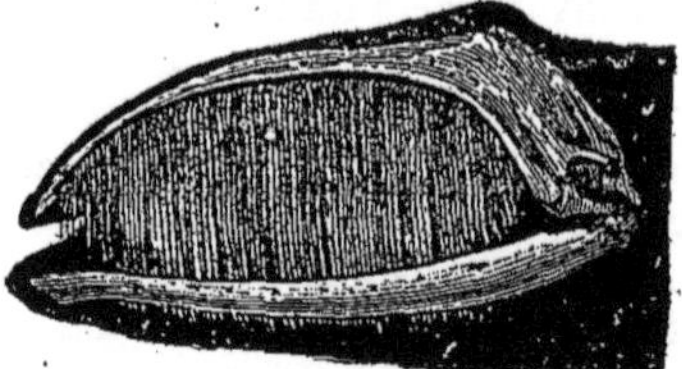

FIG. 38. — Tête de baleine, dont la peau et la chair ont été enlevées, de manière à montrer les os des deux mâchoires. De la mâchoire supérieure descendent des lames élastiques ou *fanons*.

FIG. 39. — **Marsouin**, cétacé dont la bouche est armée de dents.

mées *fanons*, avec lesquelles on fait ce qu'on appelle de la *baleine*.

2. D'autres cétacés, les **marsouins** ou *dauphins* (fig. 39), communs dans toutes les mers, *ont des dents*, et dévorent des quantités énormes de poissons.

Herbivores.

35. Les singes. — 3. Les singes sont des *herbivores*, ou mieux des *mangeurs de substances végétales*, car ils se nourris-sent, non d'herbes, mais de graines ou de fruits ; on les appelle souvent pour cette raison des **frugivores**.

FIG. 40. — **Magot d'Algérie.**

4. Ces mammifères, habitants des pays chauds des deux continents, sont remarquables par leur intelligence et la grossière ressemblance que quelques-uns d'entre eux ont avec l'homme. Car il y a, dans certains pays d'Afrique, des

---

1. Qu'est-ce que la mâchoire supérieure de la baleine offre de remarquable? — 2. Y a-t-il des cétacés armés de dents? — 3. Les singes sont-ils des herbivores proprement dits? — 4. Que savez-vous des singes?

singes plus grands qu'un homme, et qui se relèvent quelquefois presque debout. Nos colons d'Algérie voient souvent leurs vergers dévastés par les *magots* (fig. 40), singes sans queue. Il y a beaucoup d'espèces de singes et de toute taille.

36. Ruminants. — Les plus herbivores des herbivores, si je puis ainsi parler, ce sont les animaux qui ressemblent aux *moutons* et aux *bœufs*.

1. On les appelle **ruminants**, et voici pourquoi. Si vous regardez, sans faire de bruit, notre mouton, qui paraît dormir là-bas dans son coin, vous allez le voir remuer les mâchoires de temps en temps, tantôt dans un sens, tantôt dans un autre. C'est ce qu'on appelle *ruminer*.

2. Voici ce qui passe. Les ruminants, animaux timides en général, remplissent à la hâte leur énorme estomac d'herbe qu'ils ne prennent pas le temps de mâcher; puis ils s'en vont se reposer dans quelque endroit tranquille. Là, ils ramènent de l'estomac dans la bouche des pelotons d'herbe qu'ils mastiquent* convenablement et qu'ils font repasser dans l'estomac, cette fois pour les digérer.

3. La tête de notre mouton, qui est un jeune bélier, porte deux petites *cornes* (page 37), qui grandiront. J'ai là un crâne de vache (fig. 41), qui vous montrera comment ces

Fɪɢ. 41. — Crâne de vache. L'os du front a un grand prolongement A, sur lequel vient s'emboîter la *corne creuse*.

Fɪɢ. 42. — **Chamois**, ruminant qui vit dans les Alpes et les Pyrénées.

cornes sont faites. L'os du front a de grands prolongements A, recouverts par un espèce d'*étui* qui n'est autre chose que la *corne*.

---

1. Que signifie le mot *ruminer* ? — | — 3. Comment sont faites les cornes
2. Comment s'opère la rumination ? | des moutons et des vaches ?

1. On trouve de ces **cornes creuses** sur la tête des *bœufs*, des *moutons*, des *chèvres*, des *chamois* (fig. 42), et des jolis ruminants qui vivent en grandes troupes en Asie, en

Fig. 43. — Troupe d'antilopes; ruminants à *cornes creuses* qui vivent en Asie, en Afrique et en Amérique.

Afrique, en Amérique et qu'on appelle *antilopes* (fig. 43).

Le daim. Le chevreuil.   Le cerf.

Fig. 44. — Ce sont des ruminants à *cornes pleines* ou bois.

2. D'autres ruminants, comme nos *chevreuils*, nos *daims*, nos *cerfs* (fig. 44), ont des **cornes pleines**, on dit encore des *bois*. Tous les ans, ces bois tombent et repoussent en quelques semaines. C'est là une chose tout à fait remarquable.

3. Enfin il y a des **ruminants sans cornes**. Les plus importants sont les *cha-*

---

1. Citez des ruminants à cornes creuses. — 2. Citez des ruminants à cornes pleines et dites quelle particularité présentent ces cornes. — 3. Y a-t-il des ruminants sans cornes ? — Citez-en.

meaux (fig. 45), qui vivent en Asie et en Afrique, et les

Fig. 45. — Le chameau sert à faire les transports à travers les déserts
de l'Asie et de l'Afrique.

lamas (fig. 46), qui habitent les montagnes de l'Amérique
du Sud.

Fig. 46. — Le lama (Amérique du Sud),
sorte de petit chameau sans bosse, est
utilisé comme bête de somme *.

Fig. 47. — La girafe (Afrique)
atteint cinq mètres de hauteur.

La *girafe* (fig. 47) a bien des bosses osseuses sur le
front, mais elles sont revêtues de peau.

1. Tous les ruminants ont à chaque pied *deux doigts* terminés, sauf chez les chameaux, par des **sabots**, comme
nous l'avons vu chez notre mouton (p. 37).

1. Combien les ruminants ont-ils de doigts à chaque pied ?

37. Chevaux. — 1. Les animaux compris dans la famille des **chevaux** se distinguent en ce qu'ils *ne ruminent pas*, et qu'ils n'ont à chaque pied qu'**un seul sabot** (fig. 48).

2. Vous connaissez tous le *cheval* et l'*âne* : je n'ai besoin que de vous rappeler leur nom.

Fig. 48. — Sabot.

38. Pachydermes. — 3. *Pachyderme* veut dire *peau épaisse*. 4. C'est ici le compartiment

Fig. 49. — L'éléphant (Asie et Afrique) saisit sa nourriture avec sa *trompe* et la porte à sa bouche. Pour boire, il emplit sa trompe d'eau et la vide dans sa bouche. Ses défenses donnent l'*ivoire*.

des bêtes énormes. En tête sont les *éléphants* (fig. 49), qui

Fig. 50. — Chasse au **rhinocéros** dans un marais. Cet animal est très difficile à tuer à cause de l'épaisseur de sa peau.

atteignent jusqu'à trois *mètres* de hauteur. Ils sont parti-

---

1. Quels sont les caractères communs aux animaux de la famille des chevaux? — 2. Quelles sont les deux espèces de cette famille qu'on rencontre le plus souvent? — 3. Que veut dire *pachyderme* ? — 4. Qu'est-ce qui distingue les éléphants ?

culièrement remarquables par leur nez prolongé en une *trompe* mobile, et par les deux longues dents ou *défenses* de leur mâchoire supérieure. Ces défenses fournissent l'*ivoire*. Il y a des éléphants en Asie et en Afrique.

1. Après eux, viennent les *rhinocéros* (fig. 50), qu'on trouve aussi en Asie et en Afrique; ils ont sur le nez une ou deux cornes; puis les *hippopotames* (fig. 51), mons-

FIG. 51. — Les Européens recherchent les dents de l'**hippopotame** qui sont d'un *ivoire* très dur.

FIG. 52. — Il y a des sangliers dans les forêts de France.

trueux habitants des grands fleuves d'Afrique. C'est encore dans ce groupe qu'on place le *sanglier* (fig. 52), et le *cochon* domestique.

39. Rongeurs. — Il y a des mangeurs de substances végétales* qui se nourrissent plus volontiers de graines, de fruits, de pousses d'arbres, que d'herbe et de feuilles.

2 Vous avez tous vu un *lapin* manger une carotte. Il la **ronge**

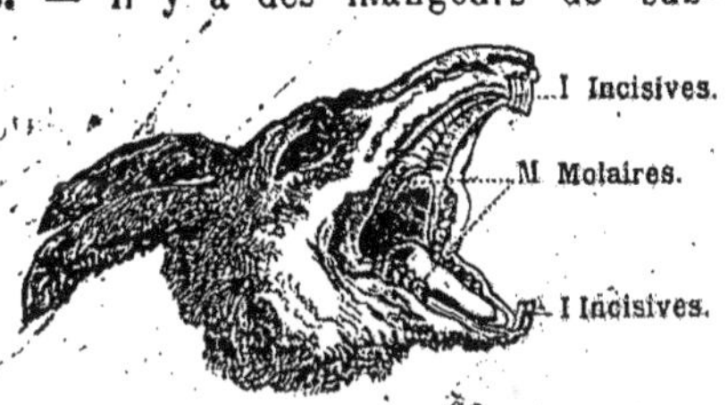

FIG. 53. — **Tête de lapin.** Au fond des deux mâchoires se voient les *dents plates* M (molaires), avec lesquelles le lapin mâche la nourriture qu'il a rongée avec les *longues dents* I (incisives).

avec quatre longues dents **incisives** I (fig. 53), placées sur le devant de ses mâchoires, et il achève de la broyer avec les molaires M.

Vous comprenez donc pourquoi on a donné le nom de rongeurs aux *lapins*, aux *lièvres* (fig. 54), aux *écu-*

---

1. Quels sont les autres pachydermes les plus connus? — 2. A quoi le lapin, le lièvre, l'écureuil, le rat, etc., doivent-ils leur nom de *rongeurs?*

reuils (fig. 55), aux *castors* (fig. 56), aux *rats*, en un mot à

Fig. 54. — Le lièvre vit dans les champs.

tous les animaux qui ont les mâchoires faites comme celles du lapin.

Fig. 55. — L'écureuil habite en France, dans les bois.

Fig. 56. — Le castor habite surtout l'Amérique du Nord. Il construit des barrages* et des cabanes dans les cours d'eau peu profonds.

40. Kangourous. — Je ne veux pas en finir avec les *mammifères*, sans vous parler d'animaux que vous ne verrez sans doute jamais vivants dans leur pays d'origine, l'Australie*, mais qui sont communs dans les ménageries*. **1.** Ce sont les *kangourous* (fig. 57).

2. Ces *herbivores* sont curieux non seulement par leur forme bizarre, leurs énormes pattes de derrière, leur queue, mais encore parce qu'ils gardent pendant

Fig. 57. — Les kangourous sautent plutôt qu'ils ne marchent ; leur queue leur sert de point d'appui. Remarquez les petits dans la *poche* ; ils semblent mettre la tête à la fenêtre.

1. Citez un animal d'Australie. — 2. Quelle particularité présentent les marsupiaux ?

longtemps leurs petits dans une *poche* placée sous le ventre. 1. Cette particularité leur a fait donner, à eux et à d'autres animaux qui la possèdent également le nom de *marsupiaux*, parce qu'en latin, *poche* se dit *marsupium*. Parmi les marsupiaux, il y a des *herbivores* et des *carnivores*.

RÉSUMÉ. — I. MAMMIFÈRES.

Division des vertébrés (p. 33). — **1.** Quels *groupes* d'animaux distingue-t-on parmi les vertébrés ?

Les mammifères (p. 34). — **2.** Quels animaux appelle-t-on *mammifères* ?

3. Comment divise-t-on les mammifères d'après leur genre de nourriture ?

4. A quoi se reconnaissent les *carnivores* ?

5. A quoi se reconnaissent les *herbivores* ?

Carnivores (p. 39). — **6.** Parmi les *carnivores* distinguez-vous plusieurs groupes ou *familles* ?

On distingue parmi les vertébrés *cinq* groupes d'animaux : les **mammifères**, les **oiseaux**, les **reptiles**, les **amphibiens** et les **poissons**.

On appelle **mammifères** (porteurs de mamelles), les animaux qui nourrissent leurs petits avec du **lait**.

On divise les mammifères, d'après leur genre de nourriture, en **carnivores** (mangeurs de chair), et en **herbivores** (mangeurs d'herbe et de fruits).

Les *carnivores* se reconnaissent à ce qu'ils possèdent, à chaque mâchoire, deux dents longues et pointues, les **canines**; à ce que leurs dents *molaires* sont tranchantes, et qu'ils ont les pattes armées de **griffes**.

Les *herbivores* se reconnaissent à l'absence ou à la faiblesse de leurs canines, à ce que leurs **molaires** sont propres à broyer, et à ce que leurs pattes se terminent par des **sabots**, ou par des griffes inoffensives.

Parmi les carnivores, on distingue les **carnivores** *proprement dits* (lion, loup); les **insectivores** (taupe, hérisson), et les **piscivores** (phoque, baleine).

---

1. D'où vient le nom de *marsupiaux*.

7. Parmi les *piscivores*, quels mammifères remarque-t-on plus particulièrement ?

Parmi les mammifères piscivores, on remarque plus particulièrement les **phoques**, dont les pattes sont transformées en nageoires, et les **cétacés** (baleines, marsouins), qui n'ont que deux pattes et ont extérieurement la forme de gros poissons.

Herbivores (p. 46). — **8.** Quelles sont les principales *familles* des herbivores ?

Les principales familles des herbivores sont : les **ruminants** (bœuf, mouton), les **chevaux** (cheval, âne), les **pachydermes** (éléphant, sanglier), les **rongeurs** (lièvre, lapin), et certains **marsupiaux** (kangourou).

9. A quoi distingue-t-on les *ruminants* ?

On distingue les **ruminants** à ce qu'ils mâchent deux fois leurs aliments ; les pieds des ruminants sont terminés par **deux sabots**.

10. Qu'est-ce qui caractérise les *chevaux* ?

Les animaux de l'ordre des chevaux ne ruminent pas, et ils n'ont à chaque pied **qu'un seul sabot**.

11. Que remarque-t-on chez les *pachydermes* ?

On remarque chez les **pachydermes** leurs formes extraordinaires : *éléphant, hippopotame, rhinocéros*.

12. Qu'est-ce qui distingue les *rongeurs* ?

Les **rongeurs** se distinguent par les *quatre incisives* fort longues, qu'ils portent sur le devant des mâchoires ; c'est avec ces *incisives* qu'ils rongent.

13. D'où vient le nom de *marsupiaux* ?

Ce nom vient de ce que les *kangourous* ou autres animaux semblables, ont sous le ventre une **poche** (marsupium), où leurs petits se nichent pendant les premiers temps de leur vie.

VERTÉBRÉS. — II. Oiseaux.

41. Étude des Oiseaux. — Pierre, allez attraper une poule dans la cour, et apportez-la-moi. Nous allons avec elle étudier les **Oiseaux**, comme avec Fox nous avons étudié les **Mammifères**.

1. Sur notre poule, on ne voit pas de poils, mais des

---

1. De quoi est couvert le corps des oiseaux ?

plumes. 1. Chaque plume (fig. 58) présente une *partie creuse* A, cornée *, qui, dans les grosses plumes d'oie, sert à écrire; puis une *tige* solide B qui la continue, et de chaque côté se voient des *barbes* C, portant des *barbules* D. Il y a aussi, çà et là, du *duvet*, c'est-à-dire de toutes petites plumes.

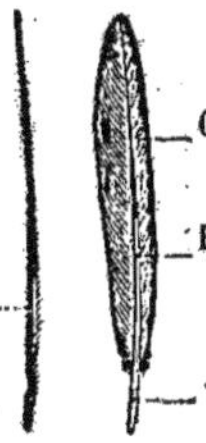

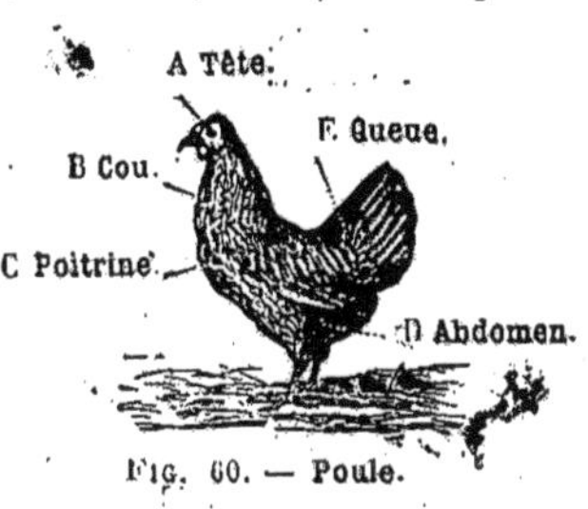

FIG. 58. — Détail d'une plume d'oiseau.

2. Aux pattes (fig. 59), il n'y a pas de plumes, mais une *peau écailleuse* E, tout à fait semblable à celle du serpent.

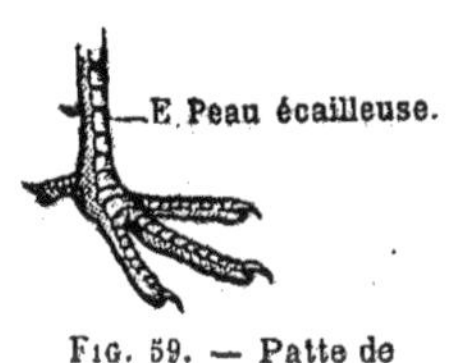

FIG. 59. — Patte de poule.

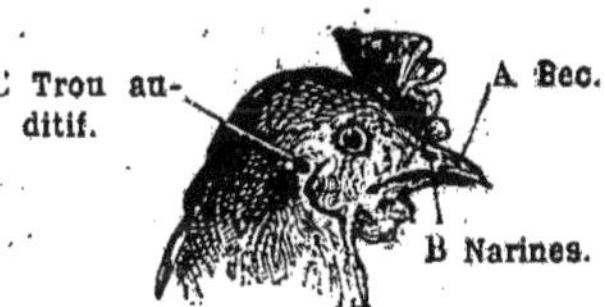

FIG. 60. — Poule.

3. L'oiseau (fig. 60), comme le mammifère, a une *tête* A, un *cou* B, un *corps*, divisé en *poitrine* C et *abdomen* D, une *queue* courte ou *croupion* E, garnie de longues plumes.

4. A la tête (fig. 61), les deux mâchoires portent, à la place de dents, un étui corné* A, ou *bec*; les *narines* B sont percées à sa

FIG. 61. — Tête de coq.

---

1. Énumérez les différentes parties dont se compose une plume? — 2. De quoi sont couvertes les pattes des oiseaux? — 3. Décrivez l'extérieur d'un oiseau? — 4. Décrivez la tête.

base ·Au-dessus sont les *yeux*, qui, outre les deux *paupières*
horizontales*, en ont une troisième verticale*, blanchâtre,
que vous voyez passer de temps en temps devant l'œil. Les
oiseaux n'ont pas d'oreilles apparentes, ou, pour mieux
dire, ils n'ont pas de *pavillons**. Mais voici les *trous auditifs** C, comme chez les mammifères.

1. Chez les oiseaux, les membres antérieurs* servent *à
voler :* ce sont des *ailes* (fig. 62). **2.** Tâtez ici, dans le dos,

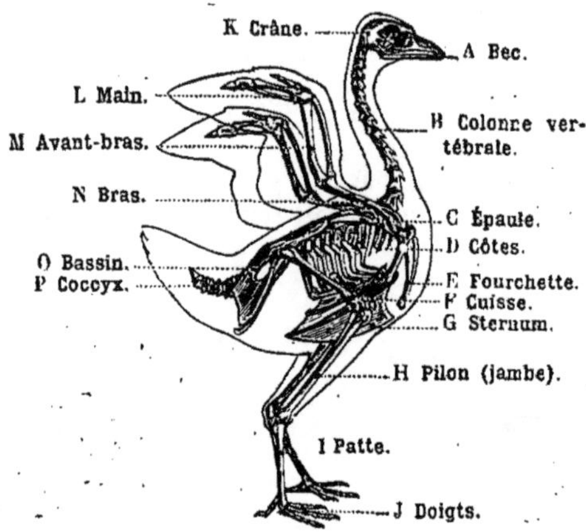

Fig. 62. — Squelette d'une poule.

l'*épaule* C, mobile comme chez les mammifères. Puis voici,
en N, la partie correspondant au *bras*, plus loin, en M, *l'a-
vant-bras* et enfin la *main* L, très réduite; l'avant-bras et
la main portent les plumes qui forment les *ailes*.

On trouve aussi chez l'oiseau, une *colonne vertébrale* B,
qui s'attache au *crâne* K, et se prolonge jusqu'au *coccyx* P.
A la colonne, se rattachent les *côtes* D, qui se réunissent au
sternum G, pour former le *thorax* ou poitrine.

3. Dans les membres postérieurs*, vous reconnaissez le
bassin fixe O, et les parties mobiles : la *cuisse* F, la *jambe* H,

---

1. A quoi servent, chez l'oiseau, les ·membres antérieurs ? Décri-vez-les. — **2.** Décrivez le sque- | lette d'un oiseau. — **3.** Décrivez les membres postérieurs de l'oi-seau.

que vous appelez d'ordinaire le *pilon*; c'est là qu'est le mollet, et vous voyez qu'on a tort de dire, en parlant de gens qui ont la jambe grêle, qu'ils ónt une « jambe de coq. » Ce qu'on prend pour la jambe, c'est en réalité la partie I de la patte, couverte de fausses écailles.

Viennent ensuite les doigts J, également écailleux. Il y en a *quatre*; aucun oiseau n'en a davantage; tandis que les mammifères en ont jusqu'à *cinq*, comme l'homme.

Voilà comment est fait extérieurement un *oiseau*. Tous présentent les mêmes parties, et du reste ils se ressemblent entre eux beaucoup plus que ne font les *mammifères*.

42. Les œufs et les nids des oiseaux. — 1.
Vous savez tous que les oiseaux pondent des **œufs**, et que ces œufs sont composés (fig. 63) d'une *coquille pierreuse* A, d'un *blanc* B et d'un *jaune* C. La coquille est toute *blanche* comme dans les œufs de poule, ou bien *colorée* ou *tachetée* comme dans ceux de geai, de merle, de passereau, d'hirondelle.

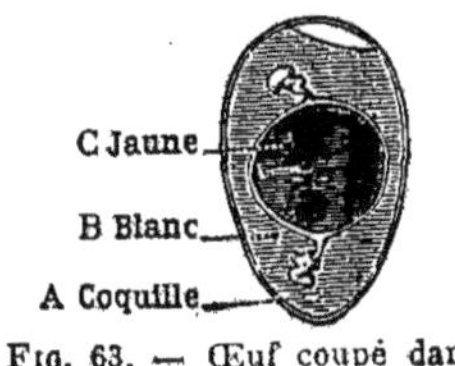

Fig. 63. — Œuf coupé dans sa longueur.

La grosseur des œufs est naturellement en rapport avec la taille de l'oiseau qui les pond; la coquille d'un œuf d'autruche peut contenir 25 œufs de poule.

2. La forme des *nids* est encore plus variée que la couleur des œufs. Tantôt ils sont bâtis en terre, comme ceux des hirondelles; tantôt en brins de mousse, de plumes, en débris de toutes sortes, comme céux des chardonnerets (fig. 64); tan-

Fig. 64. — Nid de chardonneret.

tôt en brindilles de bois, comme ceux des pies. Les uns sont plats, les autres sont ronds ou allongés comme des sacs. Ceux de nos petites mésanges et de notre loriot jaune sont admirables de construction.

---

1. Comment sont composés les œufs des oiseaux? — **2.** Tous les oi- | seaux bâtissent-ils leurs nids de la même manière?

3.

Certains oiseaux se contentent de matelasser un creux sur

la terre; ainsi font les perdrix et les alouettes (fig. 64 *bis*); il y en a même qui ne construisent aucun nid, et qui pondent leurs œufs à nu sur le sol.

43. Division des oiseaux. — Nous avons bien examiné notre poule. C'est un oiseau qui se nourrit de graines. La poule est un *granivore*.

Fig. 64 *bis*. — Nid d'alouette.

Je vous montre maintenant un *épervier* ou *faucheur* (fig. 68) que j'ai trouvé accroché à la porte de la grange du père Jérôme.

1. Voyez le *bec* de cet oiseau (fig. 65); comme il est cro-

Fig. 65. — Le *bec* de l'épervier est disposé pour tuer et déchirer une proie.

Fig. 66. — Les *serres* de l'épervier sont prêtes à saisir une proie vivante.

chu et fort, à côté de celui de la poule! Et les *griffes* de ses pattes (fig. 66); comme elles sont longues et pointues! On devine, rien qu'à les regarder, que ces *serres*, comme on les appelle, sont toutes prêtes à arrêter une proie vivante, et que le bec est prêt à la tuer et à la déchirer.

Notre *épervier* est un **carnivore.**

2. Nous pouvons donc diviser les oiseaux comme nous avons divisé les mammifères, en **carnivores** et en **granivores.**

Carnivores.

44. Oiseaux de proie. — 3. En tête des oiseaux carnivores il faut placer les **oiseaux de proie,** qui pour-

---

1. Qu'est-ce qui distingue les oiseaux qui se nourrissent de chair? — 2. Comment se divisent les oiseaux relativement à leur nourriture? — 3. Citez des oiseaux de proie?

chassent les petits mammifères, les oiseaux, les reptiles.

FIG. 67. — Faucon, oiseau de
proie.

FIG. 68. — Épervier, oiseau de
proie, déchirant un autre oiseau.

Nous avons, dans nos pays, les *faucons* (fig. 67), les *éperviers* (fig. 68), les *milans* (fig. 69).

Vous en avez vu fréquemment tournant en cercle et

FIG. 69. — Milan, oiseau
de proie.

FIG. 70. — Aigle, oiseau
de proie.

*planant**, les ailes étendues, au-dessus de leur proie, sur laquelle ils se laissent tomber comme une pierre.

Les *aigles* (fig. 70), les *vautours* (fig. 71) au cou nu, mangeurs de charognes*, sont communs sur les hautes montagnes et dans les pays chauds. Il y en a qui, d'un bout d'une aile à l'autre, mesurent quatre mètres de longueur.

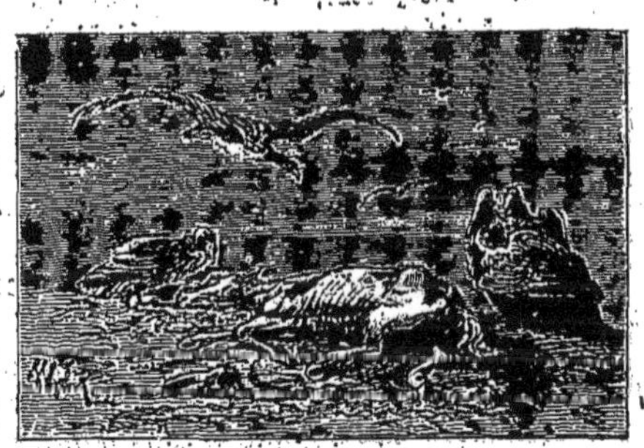

FIG. 71. — Les vautours dévorent les charognes*.

1. D'autres *oiseaux de proie* dorment tout le jour et ne

1. Qu'appelle-t-on des nocturnes ?

sortent qu'à la tombée de la nuit. On les appelle pour cette

Fɪɢ. 72. — **Chouette**, oiseau de proie nocturne. Animal utile.

Fɪɢ. 73. — **Hibou**, oiseau de proie nocturne. Animal utile.

raison **nocturnes***; ce sont les *chouettes* (fig. 72) et les *hiboux* (fig. 73).

45. Insectivores. — 1. Les oiseaux **insectivores** sont naturellement moins bien armés que les oiseaux de proie. Il y en a pourtant, comme les *pies-grièches* (fig. 74), qui ont le bec et les griffes bien crochus. Mais il faut dire que ces

Fɪɢ. 74. — **Pie-grièche**, insectivore.

Fɪɢ. 75. — **Pic** cherchant un insecte dans l'écorce d'un arbre (insectivore).

oiseaux mangent volontiers leurs petits confrères et des petits mammifères.

2. Les *pics* (fig. 75), les *pies*, les *merles*, les *fauvettes*, les *hirondelles*, et bien d'autres oiseaux, se nourrissent d'insectes.

46. Piscivores. — 3. Il y a aussi des oiseaux mangeurs de poissons.

Pᴀʟᴍɪᴘᴇᴅᴇꜱ. — Beaucoup d'entre eux sont des *nageurs* et des *plongeurs*. **4.** Ils ont alors les pattes faites comme cette *patte de canard* (fig. 76) que je vous montre. Les doigts sont

---

1. Qu'est-ce qu'un oiseau insectivore? — **2.** Citez quelques insectivores de notre pays. — **3.** Qu'est-ce qu'un oiseau piscivore? — **4.** Comment les pattes des palmipèdes sont-elles faites?

palmés, autrement dit, ils sont réunis par une espèce de

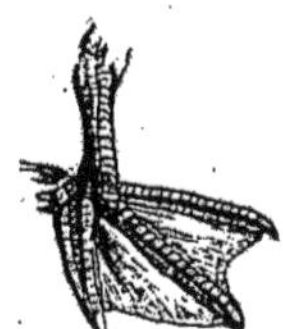

FIG. 76. — Patte de canard. Les doigts sont *palmés*, c'est-à-dire unis par une membrane (palmipèdes).

FIG. 77. — Goéland, palmipède. Il vit au bord de la mer.

toile tendue, qu'on appelle une *membrane*. L'oiseau se pousse avec ses pattes étalées, comme un homme pousse son bateau avec des rames.

Les *canards*, les *oies*, les *cygnes*, les *goélands* (fig. 77) sont ainsi faits. On les appelle oi*seaux à pieds palmés*, **palmipèdes**.

ÉCHASSIERS. — **1** D'autres vivent sur le bord des rivières et sont montés sur de longues pattes nues avec lesquelles ils marchent facilement dans l'eau. Ils ont aussi un long cou et un long bec, avec lesquels ils saisissent leur proie sans être obligés de se baisser.

FIG. 78. — Héron, échassier.

Tels sont les *hérons* (fig. 78), les *poules d'eau* (fig. 79),

FIG. 79. — Poule d'eau, échassier.

FIG. 80. — Cigogne, échassier.

les *cigognes* (fig. 80). Tous ces oiseaux, à cause de la

---

1. Parlez des échassiers et dites d'où leur vient ce nom.

longueur de leurs pattes, semblent perchés sur des échasses,
d'où le nom d'**échassiers** qu'on leur donne.

Granivores.

47. Gallinacés. — 1. La poule, en latin, s'appelle *gallina*. On a donc appelé **gallinacés** des oiseaux qui sont faits comme la poule, qui ont le corps gros et lourd, le vol court, les goûts *granivores*.

Fig. 81. — Granivores (gallinacés).

2. Tels sont les *cailles*, les *perdrix*, (fig. 81), les *pintades*, les *faisans*, les *dindons*, les *paons*, *les poules* (fig. 82).

48. Pigeons. — 3. Les **pigeons**, aux formes plus élégantes et bons *voiliers* *, sont aussi *granivores*.

Fig. 82. — Gallinacés (suite).

1. Quels sont les caractères des gallinacés ? — 2. Citez les principaux gallinacés. — 3. Qu'est-ce qui distingue les pigeons ?

49. Petits oiseaux. — 1. Quantité de petits oiseaux comme le *moineau*, le *pinson*, le *chardonneret*, le *bouvreuil* (fig. 83), la *linotte*, le *serin*, etc., ont un *gros bec*, qui leur permet de manger des graines et même de les briser.

Fig. 83. — Le bouvreuil. Le mâle a le dessous du cou d'un rouge éclatant.

2. Tenez, regardez à côté l'un de l'autre le bec court et gros de ce *moineau* (fig. 84) et le bec fin et grêle* de cette *fauvette* (fig. 85).

Fig. 84. — *Gros* bec de moineau, mangeur de graines (granivore).

Fig. 85. — Bec *fin* de la fauvette, mangeur d'insectes (insectivore).

Vous devinez bien que le moineau peut aisément briser une graine de chènevis*, tandis que la fauvette ne peut saisir que des insectes, et même des insectes de petite taille, ou mous comme des chenilles.

50. Perroquets. — 3. Les perroquets (fig. 86) sont aussi des *granivores*. Dans notre pays, ces oiseaux ne vivent qu'*en cage* et dans l'intérieur des maisons, mais dans les contrées *très chaudes* des deux continents, ils sont *en liberté* dans les forêts. Vous pouvez voir sur cette image,

Fig. 86. — Perroquet. *Gros* bec pour manger des graines.

---

que ce n'est pas la grosseur du bec qui leur manque pour manger des graines.

Les perroquets sont des *grimpeurs;* ils se servent, pour grimper, de leur bec autant que de leurs pattes. Celles-ci (fig. 87) ont cela de remarquable, qu'elles forment des espèces de mains, avec lesquelles l'oiseau saisit sa nourriture.

FIG. 87. — Patte de perroquet, avec laquelle l'oiseau peut saisir sa nourriture.

51. Autruches. — Je ne puis quitter les *granivores* sans vous parler des **autruches** (fig. 88).

1. Ce sont de curieux oiseaux, des oiseaux *qui ne volent pas!* Mais quand on réfléchit que les autruches d'Afrique, qui ont jusqu'à 2^{m}50 de hauteur, pèsent jusqu'à 40 kilogrammes, et qu'on pense aux ailes énormes qu'il faudrait pour enlever une pareille masse, on ne s'étonne plus tant de voir qu'elles ne puissent quitter terre.

FIG. 88. — Aujourd'hui, en Afrique, on élève des autruches en domesticité pour récolter leurs plumes qui servent à orner les chapeaux des dames.

1. Qu'est-ce qui distingue les autruches ?

RÉSUMÉ. — II. Oiseaux.

Étude des Oiseaux (p. 54). — **1.** Quels sont les caractères distinctifs des oiseaux?

Les oiseaux ont des **plumes**, un **bec**, **trois paupières** à chaque œil, **deux trous auditifs** * sans pavillon.*, **deux pattes** terminées par des **doigts** au nombre de quatre au plus.

Ils se reproduisent par des **œufs** qu'ils pondent le plus souvent dans des **nids**.

2. Comment se reproduisent les oiseaux?

3. Quelles sont les parties principales de l'œuf?

Le **jaune**, au centre; le **blanc**, qui enveloppe le jaune; la **coquille**, qui renferme le tout.

Division des oiseaux (p. 58). — **4.** Comment se divisent les oiseaux?

Les oiseaux se divisent: 1° en **carnivores** (mangeurs de chair), qui comprennent les *carnivores proprement dits* (oiseaux de proie), les *insectivores* et les *piscivores;* 2° en **granivores** (mangeurs de graines).

Carnivores (p. 58). **5.** Qu'est-ce qui distingue les *carnivores?*

Les carnivores ont un **bec crochu** pour déchirer leur proie, et des pattes armées de **serres** (griffes), pour la saisir.

6. Qu'est-ce qui distingue les *insectivores?*

Les insectivores ont, en général, un bec **droit et grêle** *.

7. En combien de genres se subdivisent les *piscivores?*

Les *piscivores* se subdivisent* en **palmipèdes**, dont les doigts sont *palmés,* c'est-à-dire réunis par une membrane *, et en **échassiers**, dont les pattes sont hautes comme des échasses.

Granivores (p. 62). **8.** Qu'est-ce qui distingue les *granivores?*

Les *granivores* ont un **gros bec** qui leur permet de manger et de briser les graines.

VERTÉBRÉS. — III. Reptiles.

52. J'ai là un *lézard* et une *couleuvre*; ce sont les seuls **reptiles** * que j'aie pu me procurer. Examinons-les comme nous avons fait pour le chien et la poule.

53. Lézards. — 1. Commençons par le lézard (fig. 89).

FIG. 89. — Lézard de France, de petite taille, tout à fait inoffensif; se nourrit d'insectes.

Sa peau, vous le voyez, ne porte ni poils, ni plumes, ni écailles. Elle a de *petites saillies* très régulières, comme la patte du poulet; elle est assez dure, et semble vernie.

L'animal possède une *tête*, un *cou*, un *corps*, une *queue*. Les mâchoires portent des *dents*; les yeux ont trois *paupières*; les oreilles n'ont pas de *pavillon* *. Le lézard a deux membres antérieurs* et deux membres postérieurs *, dans lesquels nous retrouvons les mêmes parties que dans ceux du chien.

2. Sachez aussi que, comme tous les reptiles*, le lézard pond des *œufs* assez semblables à ceux des oiseaux; seulement, la coquille de ces œufs n'est pas pierreuse.

FIG. 90. — Il y a des crocodiles qui atteignent huit mètres de long.

3. Les *lézards* de France sont de petite taille et tout à fait inoffensifs.

4. Mais leurs proches parents, les **crocodiles** (fig. 90), qui vivent en Afrique, en Asie et en Amérique, atteignent jusqu'à 8 mètres de longueur et sont au contraire très redoutables. Fort heureusement, il n'y en a pas en Europe.

54. Serpents. — Examinons maintenant la **couleuvre**, cette jolie petite couleuvre avec un *collier-blanc* (fig. 91). Qui va la prendre dans ses mains pour l'examiner? Personne! Vous avez peur? Vous avez bien tort. 5. *La couleuvre est un animal très doux et qui ne mord jamais.*

— 6. Mais, monsieur, voyez, voici son dard qui sort. Elle

---

1. Décrivez un lézard. — 2. En quoi les lézards se rapprochent-ils des oiseaux? — 3. Les lézards de France sont-ils dangereux pour l'homme? — 4. Citez un grand lézard redoutable pour l'homme. — 5. La couleuvre est-elle un animal dangereux? — 6. A-t-elle un dard?

va vous piquer ! — Son dard, mon enfant, c'est tout simplement *sa langue*, qui est douce et molle, et ne pourrait
faire de mal. ;

Enfin, si vous ne voulez pas y toucher, regardez-la au

FIG. 91. — La couleuvre est *inof-*
fensive. Ce qu'on appelle à tort
son dard n'est que sa langue
douce et molle, qui ne fait
aucun mal.

FIG. 92. — La tête de la couleuvre se distingue à peine
du cou, dont elle semble être
le prolongement.

moins. 1. Voyez, ce serpent est véritablement un lézard très
allongé, et *qui n'a pas de pattes.* Seulement, il n'a pas non
plus de paupières mobiles, et c'est ce qui donne à son œil
(fig. 92), cet air *fixe* qui fait peur à bien des gens. Quand
même la couleuvre mordrait, elle ne ferait pas, avec ses
petites dents, plus de mal qu'une souris.

2. Mais pour les **vipères**, comme celle que voici dans ce

FIG. 93. — Vipère conservée
dans un bocal d'esprit-de-
vin.

FIG. 94. — La tête de la vipère se
distingue nettement du cou, en
formant un *renflement.*

bocal d'esprit-de-vin * (fig. 93 et 94), c'est autre chose. Ce
sont des *serpents venimeux* *. Leur morsure donne la fièvre,
fait enfler et rend bien malade ; quelquefois même on en
meurt, surtout les gens faibles, les vieillards et les enfants.

3. Dans les pays chauds il y a des *couleuvres* énormes

---

1. La stucture du serpent diffère-
t-elle beaucoup de celle du lézard ?
— 2. La vipère est-elle inoffensive
comme la couleuvre ? — 3. Y a-t-il,
dans certains pays, des couleuvres
dangereuses ?

et très longues, qui peuvent étouffer une *antilope* (fig. 95), en s'enroulant autour de son corps et qui la mangent ensuite comme les nôtres mangent une grenouille. **1.** Il y a aussi des *serpents venimeux** dont la piqûre est toujours mortelle.

Ce sont de très beaux pays que les pays chauds, mais il y a trop de bêtes dangereuses : rien ne vaut notre belle et bonne France.

FIG. 95. — **Boa** (grande couleuvre) étreignant une antilope pour l'étouffer et la manger.

FIG. 96. — **Tortue**. Son corps est enveloppé dans une boîte solide qu'on nomme *carapace* *.

55. Tortues. — Je n'ai malheureusement pas, de tortue à vous montrer, ni vivante, ni morte.

2. Mais voici une image (fig. 96) qui vous donnera une idée suffisante de ce bizarre animal, avec son bec semblable à celui des oiseaux, avec la boîte solide qui enveloppe son corps, et sous laquelle elle rentre sa tête et ses pattes.

3. Nous avons quelques tortues dans le midi de la France; les unes vivent dans les lieux secs, les autres dans les marais. Il y en a aussi, et d'énormes, dans l'Océan et dans la Méditerranée.

RÉSUMÉ. — III. Reptiles.

Reptiles (p. 65). — **1.** A quels animaux donne-t-on le nom de *reptiles* ?

On donne le nom de *reptiles* aux animaux qui semblent se traîner (*reptare* en latin) sur le sol, soit qu'ils aient des **pattes courtes**, comme les *lézards* et les *tortues*, soit qu'ils **n'aient pas du tout de pattes**, comme les *serpents*.

---

1. Dans ces mêmes pays n'y a-t-il pas d'autres serpents redoutables? — **2.** Comment sont constituées les tortues? — **3.** Y a-t-il plusieurs espèces de tortues?

2. Qu'est-ce que les *lézards* et les *tortues* ont de commun avec les *mammifères?*

Comme les *mammifères*, les lézards et les tortues ont une **tête**, un **corps**, une **queue, deux membres antérieurs et deux membres postérieurs.**

3. Qu'est-ce que les *lézards* et les *tortues* ont de commun avec les *oiseaux ?*

Comme les oiseaux, les lézards et les tortues ont des **trous auditifs sans pavillon, trois paupières,** et, comme eux, ils pondent des **œufs.** De plus, les tortues ont un **bec** analogue à celui des oiseaux.

4. Qu'est-ce que les tortues présentent de remarquable? — **5.** En combien de groupes se divisent les serpents ?

Les tortues ont le corps enveloppé dans une boîte osseuse.

Les serpents se divisent en deux grands groupes, les **serpents venimeux** * (vipère) et les serpents **non venimeux** (couleuvre).

VERTÉBRÉS. — **IV. Amphibiens ou batraciens.**

56. La grenouille, ses métamorphoses. — Voyez-vous ces petites bêtes qui nagent dans ce bocal? **1.** Leur tête et leur corps (fig 97, B) sont confondus en une masse, que termine une forte queue. *Elles n'ont pas de pattes* ; ce sont des **têtards.** *Ils vivent dans l'eau.*

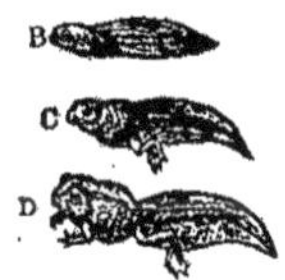
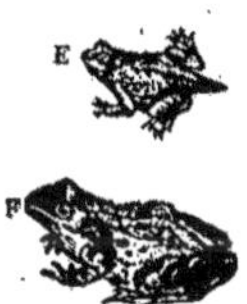

FIG. 97. — Métamorphoses de la grenouille.

B. Têtard, d'abord sans pattes ; — C, les deux pattes de derrière apparaissent ; — D, les deux pattes de devant poussent ensuite ; — E, l'animal a quatre pattes et une queue ; — F, la queue disparaît, l'animal est parfait *.

2. Je vais vous montrer maintenant une grenouille (fig. 97, F). La tête est distincte du corps; l'animal a

---

1. Décrivez un têtard et son genre de vie. — **2.** Quelle différence y a-t-il entre un têtard et une grenouille ?

quatre pattes; de queue, pas de trace. La grenouille *vit dans l'air* et se noierait si on la maintenait trop longtemps sous l'eau.

1. Devineriez-vous jamais, si vous ne le saviez déjà, que ces *têtards* vont devenir des *grenouilles?* Non, n'est-ce pas; c'est bien extraordinaire. Les pattes vont pousser aux têtards (fig. 97, C, D); leur queue va diminuer (E), puis disparaître (F). Dans ce dernier état, les grenouilles ne vivront plus exclusivement dans l'eau, et cesseront de manger de l'herbe. Elles ont subi, comme on dit, leurs *métamorphoses* *.

Il y a une chose qui ne changera pas. Leur peau restera toujours molle, sans poils ni plumes, sans écailles, sans l'épaississement de celle des *reptiles*.

2. On appelle, avec raison, ces animaux des **amphibiens**, puisque ce mot veut dire « *qui a une double vie.* » En effet, ils ont bien une *vie aquatique* * d'abord, ensuite une *vie aérienne* *.

Les **crapauds** et les **rainettes** ont une histoire semblable à celle des grenouilles.

3. D'autres amphibiens ont des métamorphoses moins complètes. Voyez cet animal qu'on appelle *triton* ou *lézard d'eau* (fig. 98); c'est aussi un **amphibien**, et il a été *têtard* dans sa jeunesse. Ses pattes lui ont poussé, mais il a conservé sa queue. Il habite bien dans l'eau, mais si on l'empêchait de venir respirer à la surface, il serait bientôt noyé ; en réalité, il est **aérien** *.

Fig. 98. — Triton ou lézard d'eau.

4. Les amphibiens *pondent des œufs mous, sans coquille.* Vous avez certainement vu dans les mares, au printemps, les masses flottantes des œufs de grenouille réunis par une matière gluante *.

---

1. Par quelles métamorphoses le têtard passe-t-il pour devenir grenouille? — **2.** Pourquoi appelle-t-on *amphibiens* les grenouilles et les animaux qui leur ressemblent? —

3. Tous les amphibiens subissent-ils les mêmes métamorphoses que les grenouilles? — **4.** Les amphibiens pondent-ils des œufs et de quelle nature ces œufs sont-ils?

RÉSUMÉ. — IV. Amphibiens.

La grenouille, ses métamorphoses (p. 69). — **1.** D'où vient le mot *amphibien* ?

Le mot *amphibien* vient de deux mots grecs qui signifient *double vie*.

2. A quels genres d'animaux s'applique ce nom?

Ce nom s'applique aux *grenouilles*, aux *crapauds* et aux *lézards d'eau*. Ces animaux, pendant le premier âge, sont **aquatiques**, c'est-à-dire *vivent* exclusivement *dans l'eau*; après avoir subi plusieurs changements ou *métamorphoses*, ils deviennent **aériens**, c'est-à-dire *vivent* dans l'air.

3. Les amphibiens pondent-ils des œufs ?

Les amphibiens pondent des **œufs**, mais ceux-ci sont *mous* et *sans coquille*.

VERTÉBRÉS. — **V. Poissons.**

57. La Carpe. — Nous allons, procédant toujours de même, examiner quelques **poissons** que j'ai gardés vivants depuis la pêche du grand étang.

1. Voici d'abord une *carpe* (fig. 99); vous voyez que son

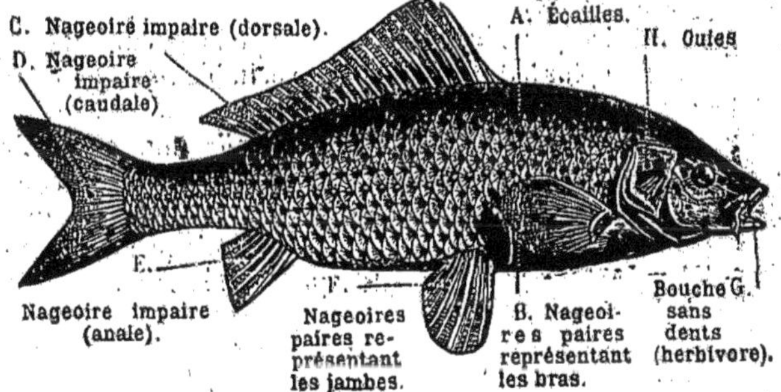

Fig. 99. — Une carpe.

corps est couvert d'écailles A. Et ce sont bien de *vraies écailles*, que je puis enlever une à une, comme je ferais

1. Décrivez l'extérieur d'une carpe.

pour des poils ou pour des plumes ; cela est bien différent des fausses écailles des *reptiles*.

La tête, le corps et la queue se confondent en une même masse. Sur les côtés, regardez ces deux paires de membres B, F, qui sont aplatis et transformés en *nageoires*; on les appelle **nageoires** *paires*. Sur le dos, en C, à la naissance et au bout de la queue, en D et en E, voici des **nageoires** *impaires*.

1. Sur les côtés de la tête, en H, sont deux grandes fentes, au fond desquelles se trouvent des arcs garnis de franges * rouges. Ces fentes sont les **branchies**, appelées vulgairement **ouïes**, *par lesquelles le poisson respire*. Vous savez qu'il respire dans l'eau, si bien qu'il périt rapidement si on l'expose à l'air.

58. Différentes espèces de poissons. — 2. Il n'y

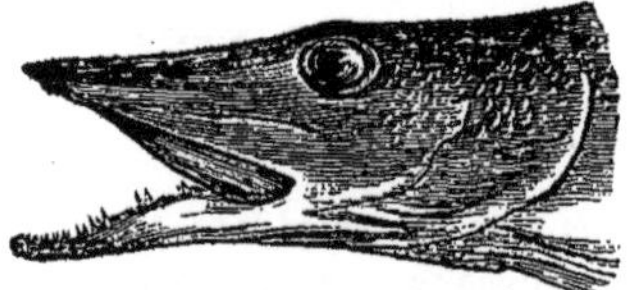 

Fig. 100. — Dents du **brochet** (carnivore).   Fig. 101. — Anguille.

a pas de dents dans la bouche de notre carpe, qui est un poisson **herbivore**.

Au contraire (fig. 100), ce *brochet* en a la gueule garnie; **carnivore** au plus haut degré, c'est le véritable tigre des eaux.

La plupart des poissons sont *carnivores*.

3. Examinons maintenant une *anguille* (fig. 101). Elle ressemble à un serpent ; mais elle a des *nageoires* et des *ouïes*, et aussi des *écailles*. Toutefois, celles-ci sont si petites qu'il faut la loupe pour les voir.

Fig. 102. — Lamproie. *Sept trous* pour les ouïes. Bouche en forme de *suçoir*. N'a pas de nageoires paires ni d'écailles.

4. Enfin, je vous montre un étrange poisson, plus rare que ceux dont je viens de parler. C'est une *lamproie* (fig. 102), que les pêcheurs de ce pays-ci appellent une *chatouille*, ou encore un *sept-œils*.

<hr>

1. Comment les poissons respirent-ils ? — 2. Comment se divisent les poissons, par rapport à leur nourriture ? — 3. Qu'est-ce que l'anguille présente de remarquable ? — 4. Et la lamproie ?

Ce bizarre animal a, en effet, de chaque côté du cou sept trous pour les ouïes, au lieu d'un. Sa bouche est ronde et suce comme celle d'une sangsue. *Il n'a pas de nageoires paires, ni d'écailles.*

1. Ces divers poissons vivent dans les rivières, dans les étangs, en un mot dans les **eaux douces.** Dans les **eaux salées** de la mer, il y en a bien d'autres espèces, et de formes les plus inattendues et les plus variées : ronds, aplatis, que sais-je ? Il me serait impossible de songer cette année à vous en faire connaître même les principales espèces.

2. Les poissons *pondent des œufs mous,* des œufs *sans coque,* comme ceux des amphibiens*.

RÉSUMÉ. — V. POISSONS.

La carpe (p. 71). — 1. Quels sont les *caractères* distinctifs des poissons ?

Différentes espèces de poissons (p. 72). — 2. Comment divise-t-on les poissons d'après leur genre de nourriture ?

3. Comment divise-t-on les poissons d'après l'eau qu'ils habitent ?

4. Comment se reproduisent les poissons ?

Les poissons vivent exclusivement **dans l'eau.** Leur corps est couvert d'écailles. Ils se meuvent au moyen de **nageoires,** et *respirent* dans l'eau au moyen de leurs **ouïes**.

Les poissons se divisent en **herbivores,** comme la carpe, et en **carnivores,** comme le brochet ; ce dernier a la gueule armée de *dents.*

On les divise en poissons **d'eau douce** (rivières, étangs), et en poissons **de mer** (eau salée).

Les poissons pondent des *œufs mous* et *sans coque.*

II. — INVERTÉBRÉS

59. Division des invertébrés. — 3. Passons maintenant aux animaux *qui n'ont pas d'os,* et qu'on appelle **invertébrés** (sans vertèbres), pour les distinguer de ceux que nous venons d'étudier.

---

1. Comment se divisent les poissons, par rapport aux eaux qu'ils habitent ? — 2. Quel aspect ont les œufs des poissons ? — 3. A quels animaux donne-t-on le nom d'*invertébrés ?*

1. Parmi les invertébrés, on distingue :

    1° Les **Annelés** (animaux à anneaux);
    2° Les **Mollusques** (animaux à corps mou);
    3° Les **Zoophytes** (animaux qui ressemblent à des plantes).

INVERTÉBRÉS. — I. Annelés.

60. Les annelés. — 2. Pierre, apportez-moi ce *cloporte* (fig. 103), que je vois là, courant dans un coin. Regardez, son corps est composé d'espèces d'**anneaux** accolés les uns aux autres.

Fig. 103. — **Cloporte.** Son corps est composé d'anneaux (annelé).

Voici un *ver de terre* (fig. 104), voici un *mille-pattes* (fig. 105). Rien n'est plus aisé que de voir les *anneaux* qui forment leur corps.

Attrapons une *mouche* (fig. 107), et regardons-la de près. Y voyez-vous des anneaux?

Fig. 104. — **Ver de terre.** Vous voyez ses anneaux (annelé).

Fig. 105. — **Mille-pattes.** C'est aussi un annelé (formé d'anneaux).

— Oui, Monsieur, son ventre est formé d'anneaux.

— Le reste du corps l'est aussi; mais cela est plus facile à voir sur le ventre, ou, pour mieux dire, sur l'*abdomen*.

On désigne tous ces animaux sous le nom d'**annelés**, ce qui veut dire *animaux à anneaux*.

61. Division des annelés. — 3. On a divisé les annelés en groupes secondaires qui sont : les **insectes**, les **araignées**, les **mille-pattes**, les **crustacés**, les **vers**.

62. Insectes. — 3. Voici un *papillon* (fig. 106). Regardons-le de près. Que voyez-vous d'abord, Jacques? — Monsieur, je vois des *ailes*. — Combien? — *Quatre.* — Oui, et

---

1. En combien de groupes divise-t-on les invertébrés? — 2. Quel est le caractère des annelés? —

3. En quels groupes secondaires divise-t-on les annelés?

ensuite ? — 1. Des *pattes*. — Dites donc combien ? — *Six*. — Bon.

2. Et le corps, de combien de parties est-il composé ? C'est par là que vous auriez dû commencer. — Monsieur, je vois que le corps est composé de deux parties, sans compter la tête, ce qui fait *trois*. — Très bien. Il y a la *tête* A, la partie B, ou *corselet*, qui tient à la tête, et le ventre C, ou *abdomen*. — 3. Sur quelle partie sont fixées les ailes ? — Sur le *corselet*. — Et les pattes ? — Elles sont fixées sur la même partie. — Examinez la tête ; voyez-vous quelque chose à signaler ? — Oui, monsieur, je vois *deux gros yeux* et *deux cornes* D. — On dit deux *antennes*. Voilà qui est bien vu.

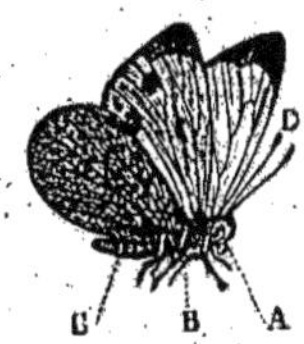

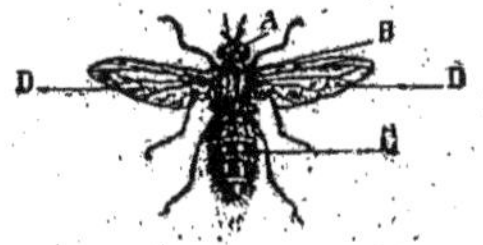

FIG. 106. — Papillon. *Quatre* ailes ; — *six* pattes ; — *trois* parties : tête A (distincte du corps) ; corselet B ; abdomen C ; — deux antennes D.

4. Prenons cette *mouche*, maintenant (fig. 107). Que voyez-vous ? — Je vois qu'elle a *deux ailes* D *seulement*, au lieu de quatre. — Bien, et ces deux ailes, où sont-elles attachées ? — Sur le *corselet*, comme celles du papillon. — Et le reste ? — Monsieur, le reste est semblable au papillon ; voici *deux antennes*, *deux yeux*, *six pattes*. — C'est très bien : tous les **insectes** sont faits de cette façon. Les

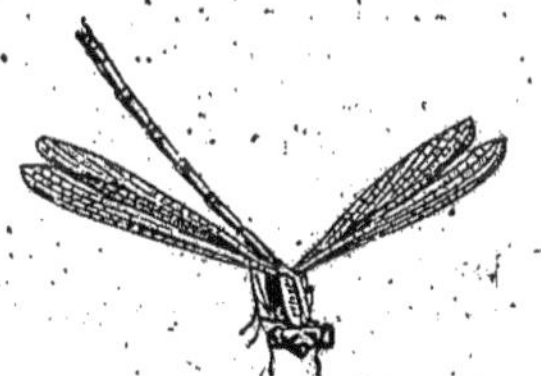

FIG. 107. — Mouche. *Deux* ailes ; *six* pattes ; — *trois* parties : tête A (distincte du corps) ; corselet B ; abdomen C ; — deux antennes.

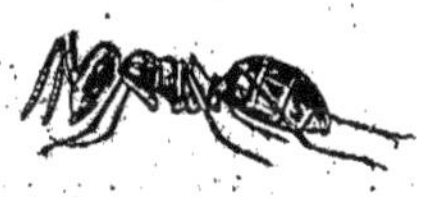

FIG. 108. — Fourmi (grossie).

FIG. 109. — Demoiselle.

ailes, il est vrai, varient en nombre, ou même n'existent

---

1. Combien les insectes ont-ils de pattes ? — 2. De combien de parties est composé le corps des insectes ? — 3. Sur quelle partie du corps sont fixées les pattes et les ailes ? — 4. Tous les insectes sont-ils faits comme le papillon ?

pas, comme chez la *puce* (fig. 116) ; **1.** mais *il y a toujours une tête, un corselet, un abdomen*, enfin *six pattes*. Vous retrouverez la même organisation chez les *hannetons*, les *abeilles*,

FiG. 110. — Cousin (grossi).   FiG. 111. — Punaise de lit (grossie).

les *fourmis* (fig. 108), les *demoiselles* (fig. 109), les *cousins* (fig. 110), les *punaises* (fig. 111), et bien d'autres.

Le groupe des insectes est le plus nombreux en espèces de tout le règne animal. On compte plus de **deux cent mille** espèces d'insectes.

63. Métamorphoses des insectes. — L'histoire des insectes présente une particularité très curieuse. La plupart d'entre eux subissent des *métamorphoses** aussi compliquées que celles de la grenouille.

2. Vous connaissez tous, je suppose, les *métamorphoses* du **papillon**. Le papillon pond des *œufs*; de ceux-ci sortent

FiG. 112. — De l'œuf sort une chenille.

FiG. 113. — La chenille se change en chrysalide.

des *chenilles* (fig. 112), qui grossissent, et qui, à un cer-

FiG. 114. — De la chrysalide sort un papillon.

FiG. 115. — Scarabée.

FiG. 115 *bis*. Abeille.

tain moment, semblent s'endormir, et se changent en

---

1. Quels sont les caractères communs à tous les insectes ? — 2. Par | quelles métamorphoses le papillon passe-t-il ?

chrysalides (fig. 113). Après quelque temps, la peau de la chrysalide s'ouvre, et il en sort un **papillon** (fig. 114).

Chez beaucoup d'espèces, la chenille, avant de se transformer en chrysalide, *file un cocon de soie* (page 86), dans lequel elle s'enferme.

1. Les *mouches* (fig. 107), les *scarabées* (fig. 115), les *abeilles* (fig. 115 *bis*), les *puces* (fig. 116), ont des mé-

FIG. 116. — Puce. Pas d'ailes.

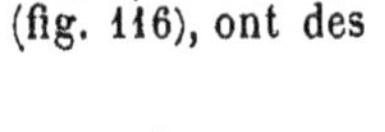

FIG. 117. — Larve de mouche.

tamorphoses du même genre. Leurs chenilles sont appelées *larves* (fig. 117); elles ne filent jamais de soie.

64. Araignées. — Nous allons maintenant examiner une **araignée** (fig. 118). J'en ai attrapé une ce matin à la cave, et je l'ai mise sous ce verre.

Regardons comment est fait le corps de notre prisonnière. 2. Paul, quelle différence voyez-vous avec celui de la mouche ?

FIG. 118. — Araignée. Pas d'ailes ; — *huit* pattes ; — *deux* parties : tête et corselet réunis ; abdomen ; — A, crochets venimeux.

— Monsieur, *l'araignée n'a pas d'ailes.*

— C'est vrai. Aucune araignée n'a d'ailes. Mais que remarquez-vous pour le corps ?

— Monsieur, je ne vois pas de tête.

— Il semble, en effet, qu'il n'y en ait pas. Le corps de l'araignée au lieu d'être composé de *trois parties*, comme celui de l'insecte, *n'en a que* **deux** : en avant, réunis en une seule masse, la *tête* et le *corselet*, qui porte les pattes ; en arrière, l'*abdomen*. Avec combien de pattes court-elle ?

— J'en compte **huit**.

— Oui ; plus *deux cornes* analogues aux *antennes*.

3. La plupart des araignées *filent des toiles*, parfois très compliquées, dans les mailles desquelles s'embarrassent les mouches et les moucherons. L'animal, à l'affût dans

---

un coin, se précipite sur ses victimes, pour les tuer et les sucer.

1. Et, il faut que vous le sachiez, l'araignée est terriblement armée pour cette chasse. Des deux côtés de la bouche, elle a *deux gros crochets venimeux* A (fig. 118), qu'on peut à peine distinguer sur l'animal. Un coup de ces crochets suffit pour paralyser* une mouche et pour la livrer sans défense à son ennemi...

— 2. Et si c'était un homme, Monsieur, que mordait l'araignée?

—Si c'était un homme, la morsure ferait tout au plus lever une *cloque* comme la piqûre d'un cousin; car les crochets de l'araignée sont trop faibles pour percer notre peau bien profondément, et leur provision de venin est trop minime pour agir dangereusement.

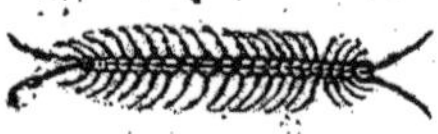

Fig. 119. — Mille-pattes.

65. Mille-pattes. — 3. « Mille » pattes, c'est beaucoup trop dire. Celui qui court là, au fond de notre bocal, en a 20 paires (fig. 119); c'est déjà bien suffisant.

66. Crustacés. — 4. L'*écrevisse* (fig. 120) que je vous montre vous donne une bonne idée des **crustacés.** Elle a *cinq paires* de pattes, dont une paire de *pinces,* une grosse *carapace* * sur le dos, et des anneaux à l'abdomen.

Fig. 120. — Écrevisse (crustacé). *Cinq* paires de pattes, dont une paire de *pinces;* — carapace.

L'écrevisse vit dans l'eau comme presque tous les crustacés. — 5. Le *cloporte* est un des rares crustacés aériens*.

67. Vers. — 6. En regardant un *ver de terre* et cette *sangsue* (fig. 121), vous vous faites une idée suffisante des **vers.** *Pas de pattes,* et le corps *tout d'une venue,* avec des divisions en anneaux.

Fig. 121. — Sangsue (ver). Pas de pattes.

---

1. Que présente de particulier la bouche des araignées? — 2. La morsure des araignées est-elle dangereuse pour l'homme? — 3. Connaissez-vous des annelés qui aient un grand nombre de pattes? — 4. Qu'est-ce qui distingue les crustacés? — 5. Connaissez-vous un crustacé aérien? — 6. Comment sont constitués les vers?

RÉSUMÉ. — I. ANNÉLÉS.

Division des invertébrés (p. 73). — **1.** Qu'entend-on par *invertébrés* ?

2. Combien de *groupes* distingue-t-on parmi les invertébrés ?

Les annelés (p. 74). — **3.** Quel est le caractère principal des *annelés* ?

4. En combien de *groupes* secondaires a-t-on divisé les annelés ?

Insectes (p. 75). — **5.** Comment sont constitués les *insectes* ?

6. Qu'appelle-t-on *métamorphoses* des insectes ?

Araignées (p. 77). — **7.** Comment sont constituées les *araignées* ?

8. Qu'offrent de remarquable les mœurs de la plupart des araignées ?

Mille-pattes (p. 78). — **9.** Qu'est-ce qui distingue les *mille-pattes* ?

Crustacés (p. 78). — **10.** Quels sont les caractères des *crustacés* ?

Vers (p. 78). — **11.** Comment se distinguent les *vers* ?

Les **invertébrés** sont les animaux qui n'ont pas d'os, pas de « vertèbres, » ni de sang rouge.

On distingue *trois groupes* parmi les invertébrés : les **annelés**, les **mollusques** et les **zoophytes**.

Le caractère principal des *annelés* est d'avoir le corps composé d'une série **d'anneaux**. Exemple : le cloporte, le ver de terre, le mille-pattes.

On a divisé les annelés en *cinq groupes* secondaires : les **insectes**, les **araignées**, les **mille-pattes**, les **crustacés** et les **vers**.

Le corps des insectes se compose de *trois parties :* une **tête distincte**, un **corselet** auquel s'attachent **six pattes**, et un **abdomen** — Certains insectes ont **quatre ailes**, d'autres **deux**; d'autres en sont complètement dépourvus.

Les **métamorphoses** sont des *changements* de formes que subissent les insectes. La *chenille* passe à l'état de *chrysalide*, puis à l'état de *papillon*.

Le corps des araignées se compose de *deux parties :* une **tête** *qui se confond* avec le corselet et un **abdomen**. Le corselet porte *huit* pattes. Les araignées n'ont **jamais d'ailes**.

La plupart des araignées filent des *toiles* pour attraper les insectes dont elles se nourrissent.

Les mille-pattes ont *un grand nombre* de pattes et *de nombreux* anneaux.

Les *crustacés* ont au moins une dizaine de pattes et une carapace sur le dos. Les crustacés sont **aquatiques***, sauf de rares exceptions, comme le *cloporte*.

Les *vers* se distinguent par l'absence **de pattes**; leur corps est **tout d'une venue**.

INVERTÉBRÉS. — **II. Mollusques.**

68. Escargots. — Regardons avec soin cet *escargot*

(fig. 122) qui tend la tête et les cornes hors de sa coquille. Est-ce un vertébré, Jules? — Non, monsieur, car l'escargot *n'a pas d'os*. — Bien, est-ce un annelé? — Non, monsieur, *il n'a pas d'anneaux.*

Fɪɢ. 122. — Escargot, mollusque à une seule coquille.

— 1. Fort bien. Cet animal *mou* fait partie du groupe des mollusques.

69. Moules. — Prenons maintenant cette *moule*

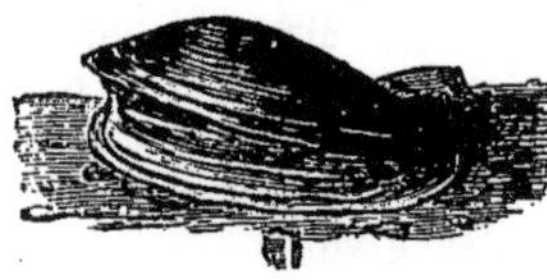

(fig. 123), que j'ai trouvée dans la rivière. Elle est morte, et elle *bâille*, c'est-à-dire que ses deux coquilles ne sont plus serrées l'une contre l'autre.

Fɪɢ. 123. — Moule d'eau douce (mollusque à deux coquilles).

2. Son corps est *mou* et *non annelé ;* quand on y regarde de près, on voit qu'il a beaucoup de ressemblance avec celui de l'escargot. La moule est encore un *mollusque*, mais un mollusque à *deux coquilles*, tandis que l'escargot est un mollusque à *une coquille*.

3. Il y a en outre des mollusques qui n'ont pas de coquille du tout, comme la *limace*.

INVERTÉBRÉS. — **III. Zoophytes.**

70. Les Zoophytes. — Pour en finir avec les animaux, il me reste à vous parler de bêtes fort curieuses, mais que je suis obligé de vous montrer en images.

4. On les appelle des **zoophytes**, ce qui veut diré *ani-*

---

maux plantes, parce que beaucoup d'entre eux ressemblent plus ou moins à des *végétaux* ou à des *fleurs*.

1. C'est le cas, par exemple, de cette *anémone de mer* (fig. 124), qui s'étale dans l'eau de mer comme une large fleur, ornée des plus riches couleurs.

C'est aussi le cas de tout petits animaux appelés *polypes*, qui sont soudés les uns aux autres en quantités innombrables. Ils se fabriquent ainsi une sorte de coquille dure, pierreuse, et dont la réunion forme de véritables rochers, des îles même, dans les

Fig. 124.— Anémone de mer. Zoophyte, c'est-à-dire *animal plante*. La prétendue fleur est formée de filaments mobiles qui se referment sur les petits animaux qui passent près d'eux.

mers des pays chauds où ils vivent. On appelle ces rochers *polypiers* ou *coraux*.

Les *étoiles de mer* (fig. 125), avec

Fig. 125. — Étoile de mer. Zoophyte (animal plante).

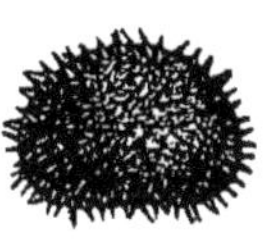

Fig. 126. — Oursin (châtaigne de mer), zoophyte (animal plante).

Fig. 127. — Éponge. L'éponge avec laquelle vous vous lavez n'est que le squelette de l'animal. Pendant que l'animal est vivant sa chair enveloppe ce squelette.

cinq branches, les *oursins* (fig. 126) hérissés de piquants, qu'on nomme pour cette raison *châtaignes de mer*, et qu'on rencontre si fréquemment sur les bords de la mer, sont aussi des *zoophytes*.

L'*éponge* enfin (fig. 127) est un animal analogue, quoiqu'elle ne ressemble guère à une fleur.

---

1.   les zoophytes les plus connus.

4.

<RÉSUMÉ. — II. Mollusques. — III. Zoophytes.>

RÉSUMÉ. — II. Mollusques. — III. Zoophytes.

Mollusques (p. 80). — **1.** Qu'est-ce qui distingue les mollusques?

Ce qui distingue les mollusques est leur **corps mou et sans anneaux.**

2. Le corps mou des mollusques est-il privé de toute défense?

Le corps mou des mollusques est protégé : chez les uns par une **seule coquille** (escargots); chez les autres par **deux coquilles** (moules); enfin chez d'autres il est nu.

Zoophytes (p. 80). — **3.** Pourquoi certains invertébrés ont-ils reçu le nom de *zoophytes* ?

Certains *invertébrés* ont reçu le nom de **zoophytes**, parce qu'ils ressemblent plus ou moins à des **végétaux** ou à des **fleurs.**

4. Citez des exemples de zoophytes.

Les anémones de mer, les coraux, les étoiles de mer, les oursins et les éponges.

LECTURES.

18ᵉ LECTURE. — **Les insectes nuisibles.** — La plupart des insectes sont nuisibles, soit dans leur jeunesse, à l'état de *larves*, soit plus tard, comme animaux *parfaits* *, soit même pendant toute leur vie.

Ce dernier cas est celui du **hanneton**, par exemple. La larve, appelée aussi *ver blanc* (fig. 128), vit sous terre, **dévore les racines**; et l'animal parfait, le *hanneton*, mange les feuilles des arbres. C'est un **véritable fléau,** surtout à l'état de ver blanc. Si

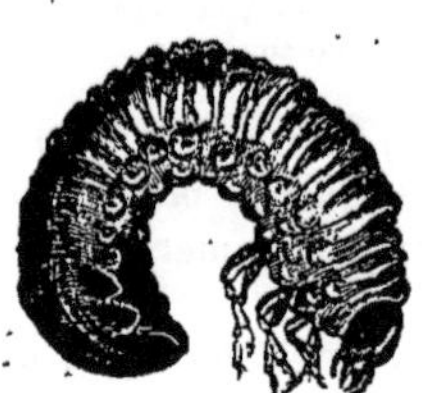

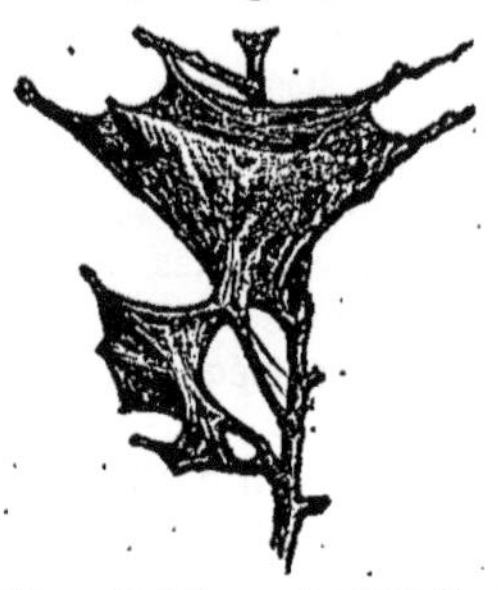

Fig. 128. — **Ver blanc** (larve du hanneton); vit pendant *trois ans* dans la terre et se nourrit des **racines des** plantes.

Fig. 129. — Certaines **chenilles** filent des sortes de bourses de soie où elles déposent leurs œufs. — *Les propriétaires sont tenus d'écheniller leurs arbres.*

l'on voulait bien s'entendre, pour recueillir les hannetons, on les détruirait assez vite.

Les chenilles (fig. 129) font aussi de *grands ravages* sur les plantes; mais du moins les papillons qui en proviennent sont tout à fait inoffensifs.

Il serait trop long de vous raconter tous les dégâts que font les insectes.

Il y en a qui rongent les bois et font périr les arbres. Il y en a qui s'introduisent dans les fruits, et vous avez tous trouvé des

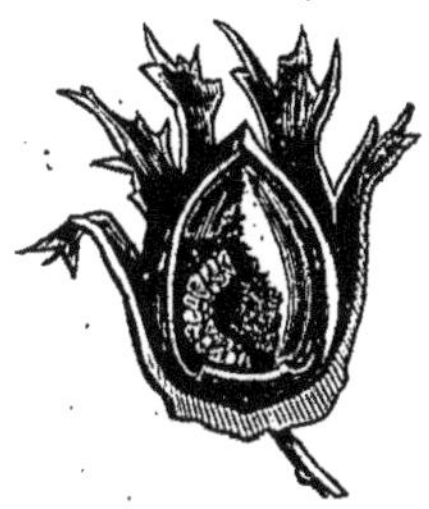

Fig. 130. — Noisette ouverte montrant une larve rongeant le fruit.

Fig. 131. — Noisette entière montrant le trou par lequel la larve, devenue insecte parfait, est sortie.

larves dans les pommes, dans les prunes et jusque dans les noisettes (fig. 130 et 131).

Toutes nos plantes cultivées ont des ennemis parmi les insectes, même les arbres de nos bois. Les agriculteurs et les jardiniers sont unanimes à les maudire, ce qui ne les empêche pas de tuer les *crapauds* (fig. 132) et les *taupes* (p. 43), et de détruire les

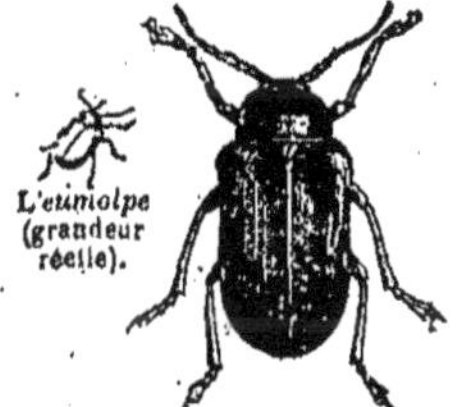

Fig. 132. —Le crapaud mange les insectes; il doit être respecté

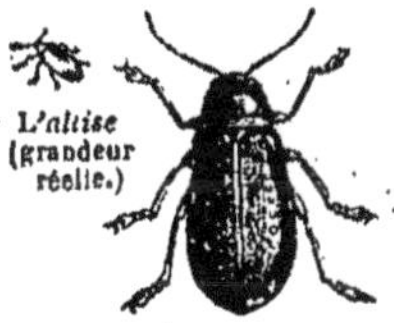

Fig. 133. — L'altise (grossie). Elle s'attaque aux feuilles de *colza*.

Fig. 134.— Eumolpe (grossi). Rend la *vigne* malade en traçant des sillons sur ses feuilles. (De là son nom d'*écrivain*.)

nids d'oiseaux; cependant crapauds, taupes et petits oiseaux, sont les meilleurs gardiens de nos champs et de nos jardins.

Les plus à craindre parmi les insectes, ceux qui nous font le plus de mal, sont ceux qui s'attaquent aux plantes cultivées en grand.

Ainsi l'*altise* (fig. 133) détruit les champs de colza; l'*eumolpe écrivain* (fig. 134) rend les vignes malades; les *charançons* (fig. 135 et 136) mangent nos récoltes de blé. En Algérie, les nuées de *sauterelles* (fig. 137) et les petits qui sortent de leurs œufs font tout disparaître sur des centaines d'hectares à la fois (fig. 138).

Fio. 135.—Charançon (grossi). Il ronge l'intérieur des grains de *blé*, surtout dans les greniers.

19e LECTURE. — **Le phylloxera.** — Mais tout cela n'est rien à côté du terrible **phylloxera** (fig. 139). Cet abominable petit insecte nous a été apporté d'Amérique il n'y a guère que vingt ans, et il a déjà détruit des centaines de mille

Fio. 136. — Grain de blé (grossi et ouvert) pour montrer un *charançon* qui le ronge.

Fig. 137. — Sauterelle d'Afrique (grandeur naturelle). Détruit les récoltes.

d'hectares de vigne! Il a *ruiné* des départements entiers, et il continue à exercer ses ravages.

Fio. 138.— En Algérie, les sauterelles arrivent par grandes nuées et dévorent les récoltes. Pour les éloigner, les Arabes tirent des coups de fusil, crient et font du bruit avec toutes sortes d'instruments.

C'est une toute petite bête, à peine visible, qui ronge le *bout des petites racines* de la vigne. Ces bouts sont autant de **suçoirs**

à l'aide desquels le végétal absorbe sa nourriture (fig. 140).
Vous comprenez que la vigne ne pouvant plus se nourrir finit par périr plus ou moins vite. Le phylloxera se multiplie avec une rapidité prodigieuse. Et, pour comble,

Fig. 139. — Phylloxera sans ailes (très grossi). Il ronge les petites racines de la *vigne*.

Fig. 140. — Racine de vigne attaquée par le phylloxera, qui y produit des nodosités *.

Fig. 141. — Phylloxera avec ailes (très grossi). Il va au loin infester* les vignobles.

il y en a qui ont des ailes (fig. 141). Ceux-ci sortent de terre et, emportés par le vent, ils s'en vont au loin infester* les vignobles.

Quand on s'y prend à temps, on peut arrêter la marche de l'insecte en l'empoisonnant à l'aide de substances qu'on introduit dans la terre. Mais cela coûte cher et demande à être fait aveo énergie et intelligence. *Il faut commencer de bonne heure*, aussitôt qu'on voit quelques ceps malades. Si l'on attend, on est exposé à faire d'énormes dépenses pour arracher les vignes et empoisonner de grandes étendues de terrain.

C'est là le plus redoutable fléau de notre agriculture.

20e Lecture. — **Insectes utiles. Les vers à soie.** —

Le **ver à soie** est important à connaître. C'est la chenille (fig. 142) d'une espèce de papillon de nuit, le *bombyx du mûrier* (fig. 143), qui nous vient de Chine.

On élève ces vers en grande quantité dans le midi de la France, dans des établissements appelées *magnaneries* (parce que les gens du pays

Fig. 142. — Ver à soie (chenille). Il se nourrit de feuilles de mûrier.

nomment le ver *magnan*). On leur donne à manger de la feuille de mûrier. Il faut beaucoup de soins pour mener à bien l'élevage.

Au bout d'un mois, quand il est arrivé à sa taille, le ver file un *cocon de soie* (fig. 144), à l'intérieur duquel il se transforme en chrysalide. Quand ce cocon est terminé, on le plonge dans l'eau bouillante, pour tuer la bête, puis on *dévide le fil* de soie, car il n'y en a qu'un. Quand il est beau, le fil a jusqu'à 300 mètres de longueur, et il est si fin qu'il en faudrait mettre 50 à

FIG. 143. — Papillon de ver à soie. Des chenilles sortiront des œufs qu'il pond.

FIG. 144. — Cocon de ver à soie. C'est en dévidant ce cocon qu'on obtient la *soie* destinée à faire les étoffes.

côté les uns des autres pour faire une largeur d'un millimètre.

Le ver à soie est sujet à de graves maladies. Une d'entre elles, la *pébrine,* avait fini par dépeupler les magnaneries dans beaucoup d'endroits, et on cessait de cultiver le précieux animal. Un grand savant français, **M. Pasteur,** a trouvé la cause du mal, et la manière de s'en préserver. Ce sont, grâce à lui, des millions gagnés chaque année.

Pour le dire en passant, M. Pasteur a fait bien plus. Tous les ans, il meurt en France, d'une maladie appelée *charbon,* des quantités de moutons, pour des sommes immenses. M. Pasteur a montré également comment on peut

FIG. 145. — M. Pasteur a trouvé le moyen de préserver les moutons du *charbon* en les *vaccinant.*

les préserver de cette maladie (fig. 145). Quelle admirable chose que la science ! Voilà des hommes qu'on devrait couvrir d'or, et surtout honorer entre tous !

21e LECTURE. — **Les abeilles**. — D'autres insectes utiles, les abeilles, nous fournissent le *miel* et la *cire*. Vous les connaissez bien, et d'ailleurs j'ai quelques *ruches* dans mon jardin. Allons-y tous ensemble ; je vais vous montrer quelque chose de curieux.

J'ai fermé hier soir, avec un morceau de carton, le petit trou par où rentrent les abeilles, et elles sont toutes dans la ruche ; entendez-vous le bruit qu'elles font ? Elles sont fort mécontentes.

A travers le morceau de carton (fig. 146), je passe l'extrémité d'un soufflet à enfumoir, et je souffle dans la ruche de la fumée de chiffon.

FIG. 146.— Muni d'un soufflet à enfumoir, l'instituteur va *engourdir* les abeilles.

Je vais ainsi engourdir mes mouches. Entendez-vous comme le bruit diminue. Enfin, le voilà cessé.

Je soulève alors le *panier* (fig. 147) ; n'ayez pas peur, rien ne va remuer. Voyez (fig. 148) ces beaux *rayons* de cire disposés verticalement, quelques-uns pleins de miel. Les mouches dorment dans les intervalles, tout au haut du panier. Prenez vite un morceau de rayon (fig. 149), replaçons le panier sur la

FIG. 147. — Les abeilles engourdies. l'instituteur retourne la ruche et fait voir à ses élèves les beaux *rayons* de cire.

plaque, et sauvons-nous, car les abeilles commencent à se réveiller.

Vous voyez comment est fait le rayon. Il est double, c'est-à-dire qu'il y a deux séries de petites loges à six pans. C'est ce qu'on appelle les *alvéoles*. Elles sont faites de cire, et contiennent, les unes du miel, d'autres des *œufs* ou des *larves*, du *couvain*, comme on dit.

Tout cela est fabriqué par les *abeilles ouvrières* (fig. 150), qui sont les abeilles communes que vous voyiez tout à l'heure en si grand nombre. Il y en a dans chaque ruche une vingtaine de mille. Les œufs sont pondus par une grosse abeille qu'on appelle la *reine* (ou mère) (fig. 151). Il n'y en a jamais qu'une seule par ruche.

J'en aurais long à vous raconter sur l'histoire des abeilles, sur leur *essaimage* *, sur leur intelligence ; mais je ne puis pas

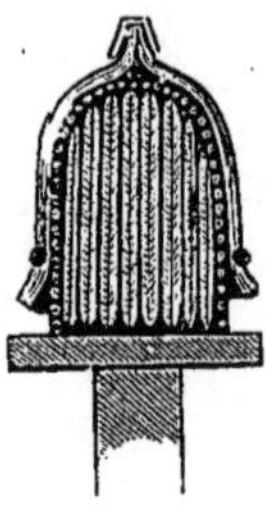

FIG. 148. — Coupe* verticale d'une ruche montrant la disposition des rayons qui contiennent le *miel* et le *couvain*.

FIG. 149. — Fragment de rayon destiné à montrer la disposition des *cellules* ou *alvéoles* qui forment les rayons.

tout dire. Un jour nous irons chez André le jardinier, qui est **un** savant *apiculteur* (cultivateur d'abeilles). Il a des ruches

FIG. 150. — Abeille ouvrière. Les ouvrières recueillent le miel avec lequel elles nourrissent les *larves*. Elles transforment aussi une partie du miel en *cire* pour la construction des *alvéoles*.

FIG. 151. — Abeille mère où reine. Elle pond les œufs d'où sortent les larves. Il n'y a qu'une seule reine par ruche.

perfectionnées, dans lesquelles on voit travailler les abeilles : cela est fort intéressant.

Pour leurs produits, vous les connaissez. Vous savez aussi bien que moi qu'on mange le miel, et qu'avec la cire, on fait des bougies, on *cire* les parquets, etc.

III. — LES VÉGÉTAUX.

Notions générales.

71. Après les animaux, les **plantes**, les **végétaux**. Nous allons nous en occuper en procédant par ordre, comme nous l'avons fait pour les *êtres animés*.

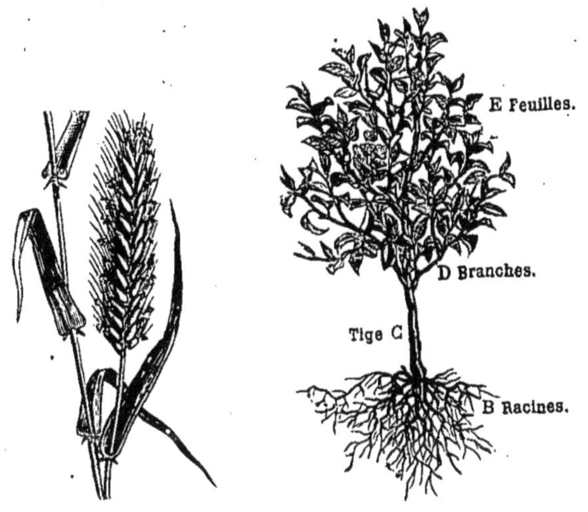

<table>
<tr><td>Fig. 1. — Blé, tige molle
et herbacée.</td><td>Fig. 2. — Poirier, tige dure
et ligneuse*.</td></tr>
</table>

1. Une plante, vous le savez, que ce soit une **herbe**, comme le *blé* (fig. 1), ou un **arbre**, comme le *poirier* (fig. 2), est fixée au sol par des **racines** B ; elle élève en l'air une **tige** C de laquelle partent des **branches** D garnies de **feuilles** E. A un certain moment, la plante, quelle qu'elle soit, porte des **fleurs**, puis des **fruits** qui contiennent des **graines**.

2. Vous savez parfaitement bien aussi que, dans la tige d'un arbre qu'on appelle le **tronc**, ainsi que dans ses

---

1. Énumérez les différentes parties des plantes. — 2. Si on coupe un tronc d'arbre en travers, quelles sont les trois parties qu'on y distingue ?

branches, on trouve trois parties (fig. 3) : au dehors, l'*écorce* C ; au dedans, le *bois* B ; et tout au centre, la *moelle* A.

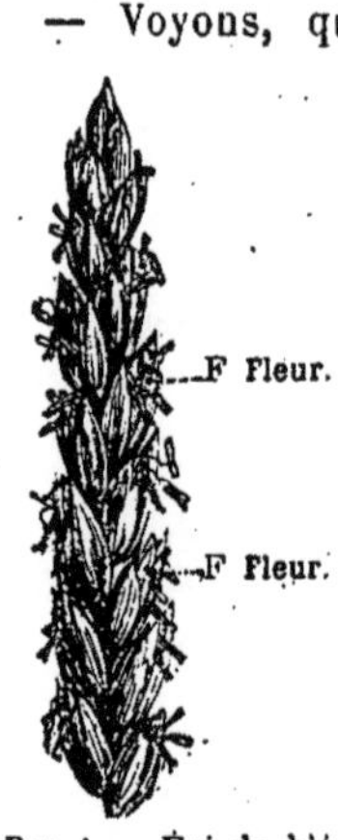

Fɪɢ. 3. — Tronc d'arbre coupé en travers.

Nous avons parlé de tout cela en faisant des *leçons de choses*, et du reste, vous avez eu cent fois l'occasion d'observer ces faits dans les jardins et dans les champs.

Non, je ne vous apprends rien de nouveau, et pourtant voici le petit Paul qui a l'air étonné. Qu'est-ce, mon enfant ?

— Monsieur, vous dites que le blé a des fleurs? Mais je n'ai jamais vu de fleurs sur le blé.

— Voyons, quelles fleurs connaissez-vous ?

— La *violette*, la *marguerite*, le *coqueli- cot*, la *giroflée*...

— Bien, bien, je vois ce qui vous embarrasse. **1.** Vous ne comptez comme *fleurs* que celles qui sont grandes, belles, colorées. Il y a bien des gens comme vous.

Mais c'est un tort. Beaucoup de végé- taux ont des fleurs petites, à peine vi- sibles, et il faut y regarder de près pour les voir.

Je me suis un peu méfié de votre obser- vation, et si j'ai cité le *blé*, c'est juste- ment parce que j'ai à vous montrer de bonnes figures où vous verrez ses *fleurs* F grossies (fig. 4). Vous trouvez encore que cela n'a pas trop l'air de fleurs? Cela ne m'étonne pas; vous ne savez pas en réalité ce que c'est qu'une fleur.

Fɪɢ. 4. — Épi de blé en fleurs.

72. La fleur du bouton-d'or. — Regardons une fleur avec soin. J'ai cueilli ce matin un énorme bouquet de *boutons-d'or*, assez pour que vous ayez chacun une fleur à la main. Distribuez-les sagement entre vous. Bien. Regar- dons maintenant.

2. La première chose qui vous frappe (fig. 5), ce sont ces

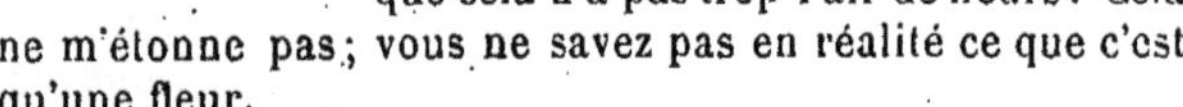

---

1. Toutes les fleurs sont-elles belles et ornées de vives couleurs? | — **2.** Qu'est-ce qui frappe d'abord dans une fleur de bouton-d'or ?

belles petites lames jaunes A, n'est-ce pas? Je suis sûr que pour beaucoup d'entre vous, comme pour Paul, c'est là *toute* la fleur. Erreur ! ce n'en est même pas la partie importante ; vous verrez dans un moment pourquoi.

1. Ces lames jaunes A, on les appelle *pétales*, et leur ensemble est désigné par le nom de *corolle*.

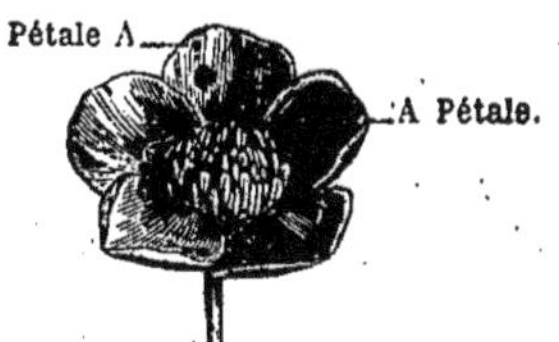

FIG. 5. — Fleur de bouton-d'or vue en dessus.

FIG. 6. — Fleur de bouton-d'or vue en dessous.

2. Retournez la fleur (fig. 6) et regardez en dessous. Vous voyez de petites feuilles vertes B ; ce sont les *sépales*, dont l'ensemble forme le *calice* de la fleur.

3. Fendons la fleur (fig. 7); vous voyez au milieu une quantité de petits corps jaunes portés au bout de petits bâtonnets ; c'est ce qu'on

FIG. 7. — Fleur de bouton-d'or coupée verticalement par le milieu pour montrer les *étamines* E, et le *pistil* P.

nomme les **étamines**. 4. Enfin, tout à fait au centre de la fleur, en P, vous voyez de petites boules verdâtres. Ces boules sont les **pistils**. 5. En mûrissant, elles deviendront des **fruits**, qui contiendront des **graines**.

73. Étamines, pistils. — Je vous ai dit que les pétales et les sépales ne sont pas les parties importantes de la fleur. 6. Les parties importantes, ce sont les **étamines** et les **pistils**, et je vais vous prouver tout cela d'un coup.

7. Il y a quelques jours, je suis allé dans le coin du pré

où poussent en masse ces boutons-d'or, et j'ai enlevé a un certain nombre de ceux qui venaient de fleurir leur *calice* et leur *corolle*. Je vous les montre aujourd'hui. Vous voyez que l'absence du calice et de la corolle ne les a pas empêchés de mûrir, de *monter à graine*, comme on dit. Et c'est le principal.

1. Sur d'autres boutons-d'or, au contraire, j'ai coupé les *étamines*, sans toucher au reste de la fleur. Il m'a fallu de la patience, mais j'y suis parvenu. Eh bien, regardez; aucun d'eux n'a de graines. *Sans étamines, pas de graines.* Pas de graines non plus *sans pistils :* où se formeraient-elles ?

74. La fleur de blé. — Examinons maintenant la fleur de blé (page 90).

2. Vous voyez d'abord qu'au-dessus l'une de l'autre, il y a un grand nombre de fleurs de blé. C'est ce qu'on nomme un *épi.* Ah ! ici, point de corolle brillante comme dans le bouton-d'or, mais *trois étamines* A (fig. 8), très nettes, et *un pistil* L, qui deviendra, en mûrissant, le *grain* de blé.

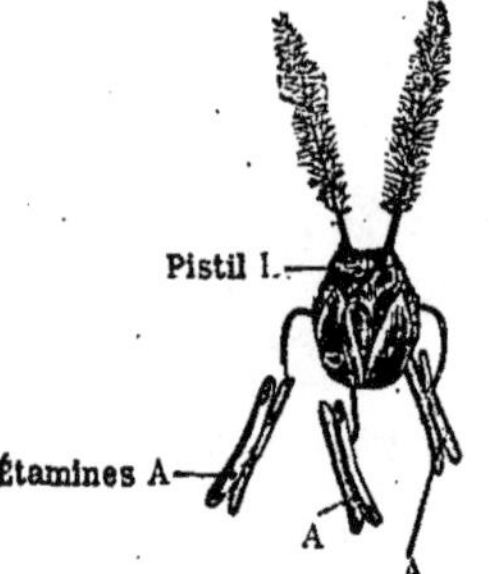

FIG. 8. — Fleur de *blé* détachée de l'épi.

Donc *le blé a des fleurs*, c'est-à-dire des **étamines** et des **pistils**. De même, toutes nos herbes, tous nos arbustes, tous nos arbres ont des fleurs.

Vous voyez que j'avais raison de vous dire que les **étamines** et les **pistils** *sont les parties importantes, fondamentales* de la fleur.*

75. Plantes sans fleurs. — **3.** Il faut pourtant savoir qu'il y a des *plantes sans fleurs*, je veux dire *sans étamines* et *sans pistils*. Ainsi, un *champignon* n'a pas de fleurs, ni une *mousse*; ni une *fougère*. **4.** Elles ont bien, il est vrai, des sortes de graines, car sans cela, l'espèce périrait bientôt. Mais ces graines sont formées d'une manière tout à fait différente de celles du bouton-d'or et du blé.

5. Il y a donc parmi les plantes deux grandes catégories

---

1. Qu'arrive-t-il si on enlève les étamines ou les pistils d'une fleur? — **2.** Comment est constituée la fleur du blé? — **3.** Connaissez-vous des plantes qui n'ont pas de fleurs? — **4.** Comment se reproduisent ces plantes? — **5.** D'après ce qu'on vient de dire, en combien de grandes catégories peut-on diviser les plantes ?

bien distinctes : les *plantes à fleurs* et les *plantes sans fleurs.*

RÉSUMÉ. — NOTIONS GÉNÉRALES.

Notions générales (p. 89). — **1.** Quelles sont les principales *parties* d'une plante ?

Les principales parties d'une plante sont la **racine**, qui la fixe au sol; la **tige** et les **branches**, qui portent les **feuilles** ; les **fleurs** qui donnent les **fruits**. Les fruits renferment la **graine**.

2. Quelles parties distingue-t-on dans la *tige* ou *tronc* d'un arbre ?

On distingue trois parties dans une tige : l'**écorce**, le **bois**, la **moelle**.

La fleur du bouton-d'or (p. 90). — **3.** Quels sont les *organes* d'une fleur telle que le bouton-d'or ?

Les organes d'une fleur telle que le bouton-d'or, sont : 1° La **corolle**, formée par la réunion des *pétales;* 2° le **calice**, qui entoure la corolle et qui est formé de *sépales;* 3° au centre, les **étamines**, puis les **pistils**.

4. Parmi ces diverses parties de la plante, quelles sont les plus importantes ?

Les parties de la plante les plus importantes sont les **étamines** et les **pistils**. Elles sont indispensables pour qu'il y ait des *graines*.

La fleur de blé (p. 92). — **5.** Y a-t-il des plantes qui n'ont ni *calice,* ni *corolle ?*

Certaines plantes, comme le blé, n'ont ni *calice* ni *corolle;* mais elles donnent cependant des *graines*, parce qu'elles ont des **étamines** et des **pistils**.

Plantes sans fleurs (p. 92). — **6.** N'y a-t-il pas des plantes qui n'ont ni étamines, ni pistils, et qui, cependant, se reproduisent ?

Il y a des plantes, *sans étamines et sans pistils*, qui se reproduisent cependant. Tels sont les *fougères*, les *mousses*, les *champignons*.

I. Plantes à fleurs.

76. Familles végétales. — Les plantes à fleurs forment l'immense majorité de celles que nous connaissons. Elles sont extraordinairement variées de formes et de dimensions. Un *peuplier* et un *brin d'avoine,* une *violette* et un *pommier,* voilà des êtres bien différents.

Pour faire une classification*, la première idée qui
vient, c'est de mettre ensemble tous les **arbres** (*peuplier,
pommier, chêne, tilleul, orme, platane, acacia, sapin*, etc.),
puis ensemble tous les **arbustes** (*lilas, aubépine, rosier, genêt*, etc.), et enfin toutes les **herbes**, c'est-à-dire les plantes
qui n'ont pas de bois (*bouton-d'or, haricot, pomme de terre,
fraisier, giroflée, colza, blé*, etc.).

1. Mais en y regardant de plus près, on a reconnu qu'il
valait mieux rapprocher les plantes dont les **fleurs**, les
fruits et les **graines** se ressemblent, et l'on a établi, sur ce
principe, ce qu'on appelle les **familles végétales.**

2. Ainsi le *haricot* (fig. 9), le *genêt* (fig. 10) et l'*acacia*

Fig. 9. — Fleur   Fig. 10. — Fleur de   Fig. 11. — Fleur
de haricot.   genêt.   d'acacia.

(fig. 11) ont des fleurs, des fruits, des graines, qui se
ressemblent beaucoup. Et, bien que le haricot soit une
herbe, le genêt un *arbuste* et l'acacia un *arbre*, on les a
réunis dans une même famille, la famille des **légumineuses.**

Fig. 12. — Fleur de   Fig. 13. — Fleur de rosier   Fig. 14.— Fleur
pommier.   sauvage.   de fraisier.

Les fleurs du *pommier* (fig. 12), du *rosier sauvage*
(fig. 13), du *fraisier* (fig. 14) sont aussi très semblables ;

---

1. D'après quels caractères a-t-on   gétales ? — 2. Donnez des exem-
classé les plantes en familles vé-   ples.

on a donc réuni encore ces plantes dans une même famille, la famille des **rosacées**. Et ainsi de suite.

77. Ce que c'est qu'un cotylédon. — On a observé du reste quelque chose de bien curieux.

Nous n'avons pu, tout à l'heure, examiner à notre aise la graine du *bouton-d'or;* elle était trop petite. **1.** Mais

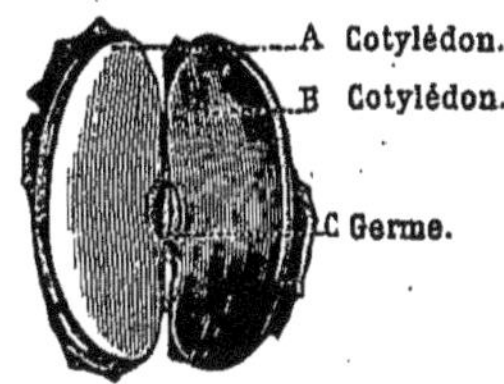

FIG. 15. — Graine de haricot.

FIG. 16. — Graine de haricot ouverte, montrant les deux *cotylédons* A, B, et le *germe* C.

voici une graine de *haricot* (fig. 15), fort grosse, comme vous le savez. Voyons un peu **comment** elle est faite.

Il y a d'abord une peau; enlevons-la. Nous trouvons ensuite (fig. 16) deux gros lobes * A, B, qu'on nomme **cotylédons**, et qui ne sont attachés l'un à l'autre que par un point. **2.** Séparons-les en ce point. Voyez-vous un corps blanc C? C'est ce petit corps, appelé **germe**, qui deviendra la plante, quand on mettra le haricot en terre.

Tenez, voici des haricots que j'ai semés il y a quelques jours (fig. 17). **3.** Vous voyez comme le petit germe a grandi, montrant *racine* A, *tige* B et *feuilles* C.

4. Les deux gros lobes D, E, les *cotylédons*, qui formaient presque tout le haricot, sont encore là; mais ils ont diminué de volume et ils sont à demi-flétris.

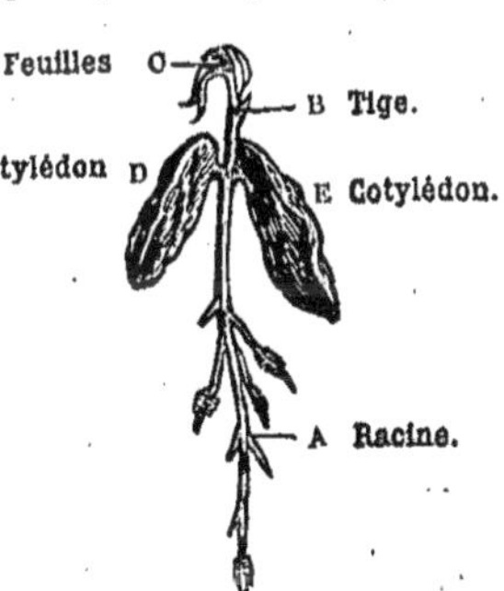

FIG. 17. — Haricot *germé.*

---

1. Qu'est-ce qu'un cotylédon? — **2.** Qu'est-ce que le germe du haricot? — | **3.** Comment se développe le germe? — **4.** A quoi servent les cotylédons?

C'est qu'ils ont servi à **nourrir** la jeune plante. En voulez-vous la preuve? Regardez la terre du pot où j'ai semé le haricot ; ce n'est que de la *brique pilée* et *humide*. Maigre terrain, n'est-ce pas, pour faire pousser une plante! En effet, la plante n'y a *rien* trouvé, si ce n'est un peu d'eau ; et, si elle s'est développée, c'est bien grâce à la nourriture qu'elle a puisée dans les deux *cotylédons*.

78. Les deux grandes divisions des plantes à fleurs. — **1.** Nous venons de voir que le *haricot* a deux *cotylédons ;* on dit, pour cette raison, que c'est une plante **dicotylédonée** (du mot grec *dis*, qui veut dire *deux*).

2. Dans certaines plantes comme le *blé* (fig. 18), la graine n'a qu'*un seul cotylédon*. **3.** On les appelle pour cette raison des **monocotylédonées** (du mot grec *monos*, qui veut dire *un seul*).

Il y a d'**énormes différences** entre les plantes *dicotylédonées* et les plantes *monocotylédonées*.

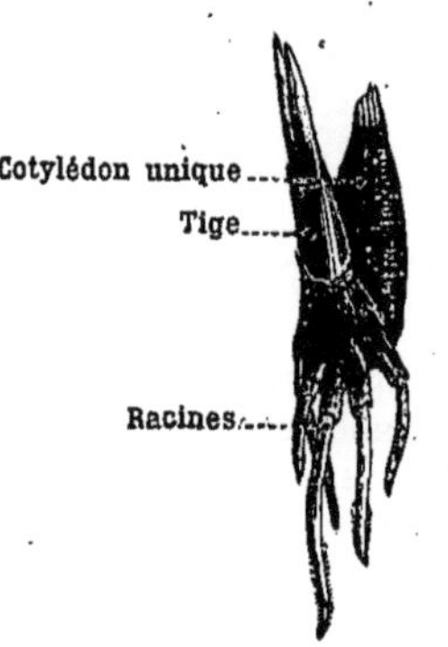

FIG. 18. — Grain de blé en germination*.

4. Je ne vous donnerai qu'un exemple, en vous parlant d'un arbre, le *palmier* (fig. 19), qui croît dans les pays chauds. C'est un *monocotylédoné*. Cet arbre n'a pas de branches, mais simplement une touffe de feuilles au sommet, et son *tronc* B est aussi gros en *haut* qu'en *bas*. Au contraire, les arbres de nos pays (fig. 20), qui sont tous *dicotylédonés*, ont, vous le savez bien, le tronc **plus gros** en *bas*, et **plus mince** en *haut*, et ce tronc est tout garni de *branches* et de rameaux.

5. On a donc établi deux grandes divisions parmi les plantes à fleurs : les **dicotylédonés** et les **monocotylédonés**.

---

1. Comment se nomment les plantes qui ont deux cotylédons? — 2. Toutes les plantes ont-elles deux cotylédons?—3. Comment se nomment les plantes à un seul cotylédon.—

4. Quelles différences y a-t-il entre les palmiers et les arbres de notre pays? — 5. Faites connaître les deux divisions des plantes à fleurs.

Cela va nous servir à mettre de l'ordre dans la revue que nous allons faire de quelques familles végétales. Car je voudrais vous faire connaître un certain nombre de ces familles, en vous montrant les plantes les plus intéressantes parmi celles qui les composent.

Pendant toute l'année, dans nos promenades scolaires *, je ne manquerai pas, comme je l'ai déjà fait l'année dernière, de vous faire remarquer les plantes que nous ren-

Fig. 19. — **Palmier** (monocotylédoné). Il n'a pas de branches, mais une grosse touffe de feuilles au sommet. Le tronc B est aussi gros en haut qu'en bas.

Fig. 20. — **Chêne** (dicotylédoné). Il est garni de branches; le tronc est plus gros en bas qu'en haut.

contrerons, de vous expliquer la manière dont elles sont constituées, les particularités de leur vie, leurs usages. Mais ces leçons-là seront bien plus utiles, si je vous ai auparavant fait connaître dans la classe un certain nombre de ces végétaux.

Seulement, ici, je ne puis vous en montrer que très peu de vivants. Il faudra que je me serve de figures, et aussi de *l'herbier* que j'ai formé depuis longtemps, et dans lequel je conserve beaucoup de plantes de nos pays; elles sont sèches et n'ont plus de couleurs, mais elles sont utiles tout de même.

RÉSUMÉ. — PLANTES A FLEURS.

Arbres, arbustes, herbes (p. 93). — **1.** D'après quoi a-t-on classé les plantes en familles végétales ?

On a classé les plantes d'après les **ressemblances** de leurs **fleurs**. Exemple : Le haricot (herbe), le genêt (arbuste) et l'acacia (arbre) sont rangés dans la famille des *légumineuses*, parce que leurs *fleurs* se ressemblent.

Ce que c'est qu'un cotylédon (p. 95). — **2.** Qu'appelle-t-on *cotylédons* dans les plantes ?

Les graines d'un grand nombre de plantes sont formées de deux *lobes**, au milieu desquels est enfermé le *germe*. Ces lobes sont les **cotylédons**.

3. Qu'est-ce que le *germe* ?

Le **germe** est la *plante en petit* ; il a une racine, une tige et des feuilles en miniature *.

4. De quelle utilité les *cotylédons* sont-ils au *germe* ?

Dans un grand nombre de graines, les *cotylédons* fournissent au *germe* la **nourriture**, qu'il n'est pas encore assez fort pour puiser dans la terre à l'aide de ses racines.

Les deux grandes divisions des plantes à fleurs (p. 96). — **5.** Toutes les graines ont-elles deux cotylédons ?

Toutes les graines n'ont pas deux cotylédons ; un grand nombre n'en ont qu'un seul. On a, par suite, divisé les plantes à fleurs en **dicotylédonées** (à deux cotylédons) et en **monocotylédonées** (à un seul cotylédon).

Dicotylédonés.

79. Renonculacées. — Nous connaissons déjà les boutons d'or (fig. 21). 1. Méfiez-vous de cette jolie fleur jaune ; on l'appelle en botanique **renoncule âcre**, parce qu'elle contient un suc qui brûle ; ne la mettez pas à la bouche, la langue vous en cuirait.

2. C'est une vilaine famille que celle des renonculacées. L'une de ses plantes, la *clématite*, a été nommée *l'herbe aux gueux*, parce que les mendiants s'en servaient

---

1. Pourquoi faut-il se méfier de la renoncule jaune ? — 2. Citez d'au- | tres plantes de la même famille également dangereuses.

jadis pour se faire de fausses plaies. On a vu des en-
fants **mourir** pour avoir mangé des racines de la *renoncule bulbeuse*, qu'on appelle, dans ce pays, la *rave de Saint-Antoine*.

Les racines de l'*aconit* sont encore bien autrement dangerèuses. Malgré la beauté de ses fleurs, on devrait *bannir* des jardins cette terrible plante.

80. Légumineuses. — 1. Voilà une famille qui est aussi **bienfaisante** que la précédente est redoutable.

Elle nous donne les *pois* (fig. 22) et les *haricots* excellents à manger lorsqu'ils sont jeunes et verts ; très bons encore, lorsqu'ils sont mûrs et secs, ainsi que les *lentilles* et les *fèves*.

FIG. 21. — Fleur et tige de bouton-d'or (renonculacée).

C'est cette famille qui nous fournit les **prairies artificielles** *, indispensables à la nourriture des bestiaux et qui se composent, comme vous savez, de *luzerne*, de *trèfle*, de *sainfoin*, de *minette*.

Le *genêt* aux fleurs jaunes, qui sert à faire des balais, l'*ajonc* aux innombrables piquants, l'*acacia*, ce grand arbre dont les fleurs sentent si bon au printemps, et avec lesquelles on peut faire des beignets *, ont des fleurs faites comme celles des pois, et sont encore des **légumineuses**.

Il y a des *plantes médicinales* parmi les légumineuses. La *casse*

FIG. 22.—Pois (légumineuse) — Les légumineuses fournissent des plantes *alimentaires* (haricots, pois) ; *fourragères* (luzerne, etc.) ; *médicinales* (réglisse, etc.)

et le *séné* sont des plus connus comme purgatifs *. C'est une légumineuse cultivée en France, la *réglisse* qui donne le sucre noir dont je vous ai vus assez friands.

---

1. Citez quelques plantes de la famille des légumineuses et dites quels services elles nous rendent.

Enfin le beau bleu *indigo* est fourni par les feuilles d'une plante de cette famille, mais cette plante ne pousse que dans les pays chauds.

Le fruit des légumineuses s'appelle une **gousse**.

81. Les crucifères. — **1.** Honnête famille encore, dont les fleurs sont composées de quatre pétales en forme de croix, d'où le nom de *crucifères* (porte-croix, du latin *crux*, croix, et *ferre*, porter); elle ne produit pas seulement des fleurs qui sentent bon, comme la *giroflée* (fig. 23), mais des **légumes alimentaires** *, comme les *choux*, dont on mange les feuilles, les *radis*, les *raves*, les *navets*, dont on mange les racines.

Fig. 23.— Fleur de giroflée jaune, (crucifère) vue en *dessous*. — Les crucifères donnent des *légumes* (choux, navets, etc.), et de l'*huile* (colza).

2. Le *colza*, dont la graine donne de l'**huile**, est aussi une crucifère.

Plusieurs plantes de cette famille ont des feuilles très saines à manger crues; tel est le *cresson* de nos fontaines.

La graine de la *moutarde*, autre crucifère, lorsqu'elle est écrasée, répand une forte odeur, et si on l'applique sur la peau, elle la fait vite rougir. C'est avec elle qu'on prépare les *sinapismes* *, fort employés en médecine, ainsi que la *moutarde*, qu'on mange pour exciter l'estomac.

82. Rosacées. — La *rose* (fig. 24), la reine des fleurs, comme on l'a souvent appelée, a donné son nom à la famille des **rosacées**.

Fig. 24. — Églantine ou rose sauvage (rosacée). — La plupart de nos arbres *fruitiers* (pommiers, etc.), sont des rosacées.

---

1. D'où la famille des crucifères tire-t-elle son nom ?

2. Citez les plantes utiles de cette famille.

1. Nos **fruits les plus importants** après le raisin, et les plus savoureux nous sont donnés par la famille des rosacées.

Les fleurs des pommiers, des poiriers, des pruniers, des cerisiers, des néfliers, des amandiers, des ronces et des fraisiers, sont toutes construites, ou peu s'en faut, comme celles des *églantiers* (rosiers sauvages).

Mais si les fleurs se ressemblent dans ces diverses plantes, les fruits diffèrent beaucoup. Chez les unes, les *fruits* sont à **pépins** (poiriers, pommiers) ; chez d'autres, les fruits *sont* à **noyaux** (cerisiers, pruniers, néfliers) ; chez celles-ci, à **coques** (amandiers) ; chez celles-là, cé sont des sortes de **baies** * (framboises, fraises). Et remarquez encore : dans la framboise, la vraie graine est *enveloppée* par la chair du fruit, tandis que dans la fraise, elle est *en dehors* de la chair, et semble de petits pépins qui seraient collés au-dessus.

83. Ombellifères. — Voici une fleur de **carotte** (fig. 25). **2.** En réalité, elle est formée d'une quantité de petites fleurs blanches réunies en *bouquets ;* puis, ces bouquets sont montés sur de petites tiges à côté les uns des autres, de manière à former un *gros bouquet* général O. C'est ce qu'on appelle une **ombelle** (du latin *umbella*, parasol, ombrelle), et il est certain que le bouquet général de notre carotte présente cette disposition en parasol.

Fig. 25. — Fleur de carotte (ombellifère). — *Feuilles odorantes* (persil, cerfeuil, etc.).

3. Les **ombellifères** ont presque toutes des feuilles odorantes : froissez ces feuilles de *fenouil*, de *persil* et de *cerfeuil*, et vous le reconnaîtrez aisément.

4. Certaines ombellifères nous donnent des racines alimentaires *, comme la *carotte*, le *panais*, le *céleri* ; on fait confire les tiges de l'*angélique*. Enfin, les fruits de l'*anis* ont une

---

odeur exquise : infusés dans de l'esprit-de-vin sucré, ils donnent l'*anisette*.

84. Papavéracées. — Ce nom vient du latin *papaver*, qui veut dire *pavot*. **1.** Les *coquelicots* (fig. 26) et les *pavots* sont, en effet, les principaux représentants de cette famille.

2. Lorsqu'on pique le *fruit* du pavot avec une aiguille, il en sort une espèce de suc laiteux, qui, en se desséchant, devient brun et poisseux*. Ce suc est utilisé de temps immémorial en médecine sous le nom d'*opium**.

3. Les graines des pavots contiennent beaucoup d'**huile**, et c'est pour extraire cette huile bonne à manger qu'on cultive chez nous le *pavot-œillette*. Il n'y a pas trace d'opium dans les graines, la coque seule du fruit en contient.

FIG. 26. — Coquelicot (papavéracée). — A cette famille appartiennent le *pavot*, dont on tire l'opium et le *pavot-œillette*, dont on tire de l'*huile à manger*.

On voit souvent, sur les vieilles murailles, une papavéracée aux fleurs jaunes ressemblant à celles des crucifères. C'est la grande *chélidoine* ou *éclaire*. N'en mettez pas une tige à la bouche, vous auriez à vous en repentir. Son suc jaune est assez fort pour détruire les verrues*.

85. Solanées. — Voilà encore une **redoutable famille**! **4.** Presque toutes les plantes qui en font partie sont dangereuses et peuvent empoisonner par leurs racines, leurs tiges, leurs feuilles, leurs fleurs, leurs fruits et même leurs graines.

FIG. 27. — Fleurs de pomme de terre (solanée). — Famille à *poisons*.

Ces plantes donnent de l'agitation,

---

1. A quelle famille appartiennent les pavots et les coquelicots ? — 2. Que retire-t-on du fruit du pavot? — 3. A quoi servent les graines du pavot? — 4. Quelles sont les propriétés des solanées?

du délire, avec des extravagances de toute sorte, et enfin un lourd sommeil qui peut conduire à la mort. C'étaient des extraits de ces plantes dangereuses : *mandragore, belladone, jusquiame, stramoine*, qu'employaient, dans le temps, les gens qu'on appelait *sorciers*. Ceux auxquels ils les faisaient prendre, ou eux-mêmes, quand ils s'en servaient, devenaient comme fous, et prenaient leurs rêves et leurs imaginations pour des réalités.

1. Par contre, certaines solanées donnent des produits alimentaires : on mange les fruits de la *tomate* et de l'*aubergine* et les graines des *piments*.

2. Mais on mange en bien plus grande abondance les *tiges souterraines* de la *solanée tuberculeuse* ou **pomme de terre** (fig. 27).

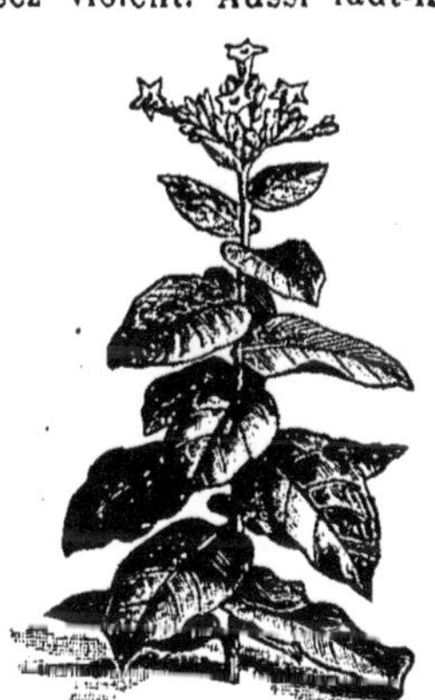

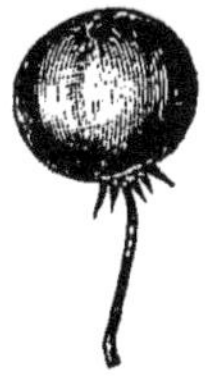
FIG. 28. — Fruit de la pomme de terre.

Rien de plus inoffensif, en même temps que de plus utile, que cette plante admirable qui nous est venue d'Amérique. Cependant quand la pomme de terre germe à la lumière, quand, des yeux de cette tige souterraine sortent de petites branches, il se forme dans ces *jeunes pousses vertes* un poison assez violent. Aussi faut-il avoir soin, lorsqu'on les emploie pour la nourriture de l'homme ou même des animaux, et surtout des porcs, qui y sont très sensibles, d'enlever ces yeux germés. Sans quoi peuvent survenir la paralysie et la mort.

FIG. 29. — Plante de tabac en fleurs (solanée).

De même, il faut se garder de manger les fruits (fig. 28), peu appétissants du reste, de la pomme de terre.

3. Il est encore une solanée dont je vous engage à ne pas abuser : le **tabac** (fig. 29). 2. En fumant, en prisant, en mâchant du tabac, on *s'empoisonne* chaque jour un peu, car cette plante

1. Citez des plantes alimentaires de la famille des solanées. — 2. Parlez de la pomme de terre. — 3. Que produit l'usage du tabac ?

contient un poison redoutable, la *nicotine;* et on attribue
à son usage beaucoup de maladies graves, sans compter l'affaiblissement de la mémoire et de la volonté.

86. Borraginées. — Voilà une honnête famille dans laquelle il n'y a aucun membre dangereux; mais on n'en voit pas non plus de bien utile.

1. Je vous citerai seulement la *bourrache* (fig. 30), avec laquelle on fait une tisane adoucissante ; *l'orcanette,* qu'on cultive dans le midi de la France pour en tirer une belle couleur rouge, inoffensive, et qu'on peut mettre dans les bonbons ; et les

Fig. 30. — Bourrache (borraginée). — Fleurs bleues, tiges et fleurs velues.

jolis *myosotis* bleus, que vous connaissez bien sous le nom de : *ne m'oubliez pas.*

87. Labiées. — Je voyais l'autre jour Jacques qui se vantait de tenir dans ses mains des feuilles d'*ortie* sans se piquer. Mais il savait bien que ce n'étaient pas des feuilles de l'ortie vraie, l'*ortie brûlante.* 2. C'étaient les feuilles de l'*ortie blanche,* du lamier (fig. 31), de son vrai nom, plante très différente de l'ortie,

Fig. 31. — Fleur de lamier ou ortie blanche (labiée). — Famille des *bonnes odeurs.*

quoique les feuilles se ressemblent, et qui appartient à la famille des **labiées.**

3. La famille des *labiées* est la famille des *bonnes odeurs.* Le *thym,* le *romarin,* la *lavande,* la *sauge,* le *basilic,* vous sont bien connus, et vous savez que vos mamans en mettent des bouquets dans le linge, pour le faire sentir bon.

Leurs infusions dans l'eau ou dans l'alcool sont agréables et utiles pour l'estomac: la *menthe,* la *mélisse* et le *lierre terrestre* sont surtout vantés.

---

1. Citez les borraginées les plus connues. — **2.** Le lamier ou ortie blanche est-il une véritable ortie? — **3.** Citez les principales labiées et dites leurs qualités générales.

Cette famille a reçu le nom de famille des *labiées*, parce que, dans les plantes qui la composent, la fleur a la *corolle* (fig. 31) découpée en forme de *lèvres* (en latin *labiæ*).

88. Malvacées. — **1**. De toutes les plantes employées pour faire de la tisane, les plus connues sont certainement la *mauve* (fig. 32) et la *guimauve*.

2. Chez une malvacée qu'on cultive dans les pays chauds (Indes, Amérique), le *coton*, les graines contenues dans les fruits sont recouvertes de longs poils blancs et soyeux, qui constituent le **coton**, dont on fait les étoffes.

Fig. 32. — Fleur de **mauve** (malvacée). — Le *coton* est une malvacée.

89. Rubiacées. — **3**. Voilà une famille où se trouvent trois plantes de la plus grande importance : la *garance*, le *quinquina*, le *café*.

4. La *garance* (fig. 33) est cultivée dans le midi de la France pour sa *racine*, qui fournit une belle couleur rouge.

Cette culture a beaucoup diminué depuis que la **chimie** a inventé une couleur identique.

5. Nous tirons les plus grands services de l'écorce du *quinquina*. Elle guérit les fièvres intermittentes *, qu'on prend dans les marais. Le quinquina est originaire de l'Amérique du Sud.

6. Dans les régions chaudes de l'Afrique et de l'Asie vit le *caféier*, qu'on cultive aussi maintenant en Amérique. Je n'ai rien à vous apprendre sur l'usage de sa graine qui, desséchée et légèrement brûlée, donne par infusion * une liqueur excellente.

Fig. 33. — Garance (rubiacée). Le *caféier* est une rubiacée.

---

1. Quelles sont les qualités des malvacées ? — **2**. Savez-vous d'où provient le coton ? — **3**. A quelle famille appartiennent la garance, le quinquina et le café ? — **4**. A quel usage emploie-t-on la garance ? — **5**. A quoi sert le quinquina ? — **6**. Dans quels pays pousse le caféier ?

5.

Enfin l'*ipécacuanha,* qui croît aussi dans les pays chauds, et dont les racines sont souvent employées par les médecins pour faire vomir, est aussi une *rubiacée.*

90. Composées. — 1° *Le bluet.* — **1.** Rien de moins rare en été que le *bluet* (fig. 34), avec ce qu'on appelle ses belles fleurs bleues. Je dis « ce qu'on appelle, » car vous allez voir qu'on se trompe. Mais la chose est assez délicate ; regardons de bien près cette prétendue fleur du bluet.

Tirons ce qui ressemble à un pétale. Avec vos bons yeux, mais mieux encore avec ma loupe, vous verrez que c'est en réalité, **une petite fleur tout entière,** ayant *cinq pétales.*

Fig. 34. — Fleur de **bluet** (composée); grandeur naturelle.

Ainsi, une fleur de *bluet* est formée d'une quantité de petites fleurs réunies les unes aux autres.

Les *chardons,* et parmi eux l'*artichaut,* sont ainsi faits ; de même la *bardane,* aux énormes feuilles, dont, à l'automne, vous vous jetez dans les cheveux les fruits à épines crochues, et l'*estragon,* et l'*absinthe,* dont on fait une liqueur qui enivre et **rend fou** lorsqu'on en abuse. Croyez-moi, mes enfants, ne buvez jamais de ce poison.

2° *La chicorée.* — **2.** La fleur de la **chicorée** (fig. 35) est aussi un *assemblage* de petites fleurs serrées les unes contre les autres. Mais ces fleurs, véritablement différentes de celles du bluet, sont comme aplaties et fendues.

Fig. 35. — Fleur de la chicorée (composée).

---

1. Comment est constituée la fleur du bluet ?

2. Comment est constituée la fleur de la chicorée ?

Vous pouvez voir que les **têtes** du *pissenlit*, de la *laitue*, du *salsifis*, sont, sauf les couleurs, semblables à celles de la chicorée.

3° *La reine-marguerite*. — **1.** Enfin, là *reine-marguerite* (fig. 36), la petite *pâquerette blanche* des prés, le grand *soleil* aux énormes fleurs jaunes, le *topinambour*, la *camomille* qui sent si fort, ont à la fois des fleurs faites comme celles du bluet

Fɪɢ. 36. — Fleur de la grande marguerite des prés (composée).— Les fleurs du centre sont semblables à celles du bluet; les fleurs du pourtour, à celle de la chicorée.

et d'autres faites comme celles de la chicorée.

91. Cucurbitacées. — Voici une plante qui va nous apprendre quelque chose de nouveau.

2. Examinons cette fleur jaune de potiron (fig. 37). Nous y trouvons *cinq petits sépales* A, *cinq pétales* B ; au dedans, des *étamines* ; puis, plus rien, *pas de pistil !*

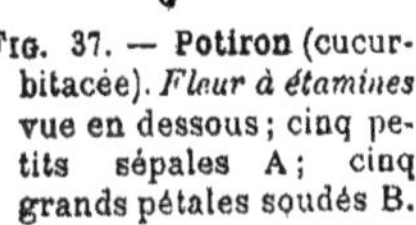

Fɪɢ. 37. — Potiron (cucurbitacée). *Fleur à étamines* vue en dessous; cinq petits sépales A; cinq grands pétales soudés B.

Où va se faire le fruit? On n'en voit pas de trace dans cette fleur. Et pourtant, le fruit du potiron devient assez gros; il y en a d'un mètre de diamètre !

Patience.

Regardons maintenant cette autre fleur de potiron (fig. 38). Voici encore *cinq sépales* D, *cinq pétales* E. Cette fois, *point d'étamines ;* mais au centre de la fleur, vous voyez l'extrémité du pistil, dont la partie inférieure forme une boule G.

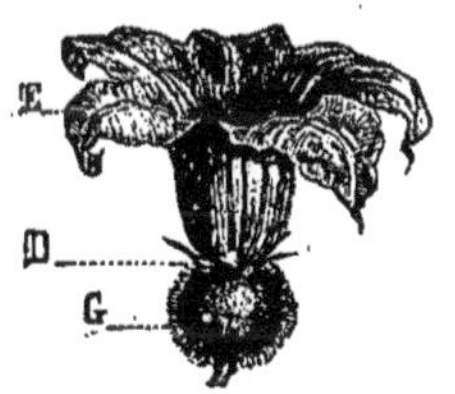

Fɪɢ. 38. — Potiron (cucurbitacée). *Fleur à pistil* cinq sépales au calice D, surmontant le pistil ; cinq grands pétales soudés E.

Dans le *potiron*, il y a donc des *fleurs à étamines* et des *fleurs à pistil*.

---

1. Comment est constituée la fleur de la reine-marguerite ? —

2. Quelle particularité présentent les fleurs des cucurbitacées?

Cela n'empêche pas le fruit de se nouer * et de mûrir ; nous verrons l'année prochaine comment cela se fait.

1. Beaucoup de plantes de cette famille sont recherchées pour la table : les *melons* se mangent crus, les *potirons* cuits, les *cornichons* confits dans du vinaigre.

D'autres sont purgatives *, comme la *coloquinte*.

92. Amentacées. — 2. Vous connaissez tous les fleurs

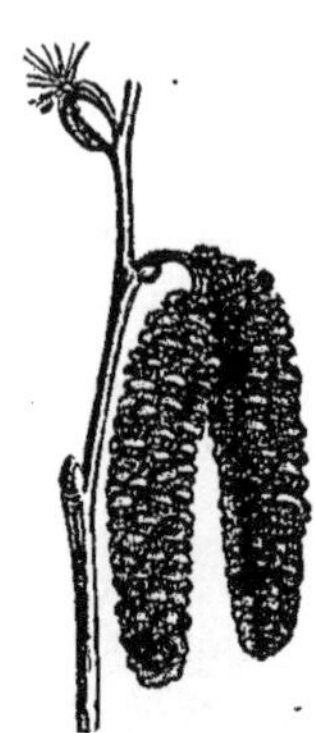
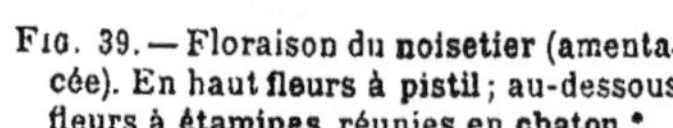

FIG. 39. — Floraison du noisetier (amentacée). En haut **fleurs à pistil** ; au-dessous **fleurs à étamines** réunies en **chaton** *.

FIG. 40. — Branche de pin portant des **cônes** (conifères).

des *noisetiers* (fig. 39), vertes et formant des grappes ou *chatons**, qui ressemblent à de grosses chenilles. Les fleurs des amentacées ont pour la plupart la même disposition.

3. Cette famille, presque tout entière composée de **grands arbres**, nous fournit des bois de charpente, d'industrie et de chauffage (chêne, charme, peuplier).

L'*écorce* du chêne sert à tanner*.

On mange les fruits du *châtaignier*, les glands doux de certains chênes, les graines du *noyer* et du *noisetier*, et l'on tire de l'huile de ces deux dernières, ainsi que de la *faine* * du *hêtre*.

93. Conifères. — 4: Cette famille, comme la précédente, nous donne des bois d'industrie et de charpente,

---

bois blancs, peu durs, mais que la résine dont ils sont pénétrés rend **très résistants à l'humidité** : pin (fig. 40), sapin.

On utilise aussi la *résine* et le *goudron* qu'on retire de ces divers bois, surtout du sapin et du pin.

RÉSUMÉ. — DICOTYLÉDONÉS.

Renonculacées (p. 98). — **1.** Quelles sont les propriétés de la plupart des plantes de la famille des *renonculacées* ?

Presque toutes les plantes de la famille des **renonculacées** contiennent un *suc âcre* qui les rend *nuisibles*, à moins qu'elles ne soient employées comme *remèdes* par un médecin.

Légumineuses (p. 99). — **2.** Les plantes de la famille des *légumineuses* sont-elles utiles ?

A très peu d'exceptions près, la famille des **légumineuses** nous est utile, comme plantes *alimentaires* * (haricots, pois, lentilles, fèves); comme plantes *fourragères* * (luzerne, trèfle, sainfoin); comme plantes *médicinales* (casse, séné, réglisse).

Crucifères (p. 100). — **3.** Citez des plantes de la famille des *crucifères*.

La famille des **crucifères** nous fournit les *choux*, les *radis*, les *raves*, les *navets*, le *cresson*, le *colza* (huile), etc.

Rosacées (p. 100). — **4.** Quels sont les fruits fournis par la famille des *rosacées* ?

La famille des **rosacées** nous fournit des *fruits à noyau* (cerises, prunes, etc.); des *fruits à pépins* (pommes, poires); des *amandes*, les *nèfles*, les *fraises*, les *framboises*.

Ombellifères (p. 101). — **5.** Dites un des caractères généraux des *ombellifères*.

Un des caractères généraux des **ombellifères** est d'avoir des *feuilles odorantes*, (cerfeuil, persil, angélique, anis, céleri).

Papavéracées (p. 102). — **6.** Quelle est la plante la plus usuelle des *papavéracées* ?

La plante la plus usuelle des **papavéracées** est le *pavot*, dont les graines donnent de l'*huile*, et dont le suc constitue l'*opium*.

Solanées (p. 102). — **7.** Quelles sont les propriétés médicinales des *solanées* ?

Presque toutes les **solanées** sont des *poisons*. Le *tabac* est un des plus violents.

8. Cette famille ne comprend-elle pas des plantes alimentaires ?

Cette famille comprend cependant l'utile **pomme de terre**, la *tomate*, l'*aubergine* et le *piment rouge*.

Borraginées (p. 104). — **9.** Citez quelques borraginées.

Cette famille renferme la *bourrache*, dont on fait une tisane rafraîchissante, l'*orcanette* et le *myosotis*.

Labiées (p. 104). — **10.** Citez quelques labiées.

Parmi les **labiées** de nos pays, les plus connues sont : la lavande, le thym, le romarin, la sauge, le basilic, la menthe, la mélisse, toutes douées d'une *bonne odeur*.

Malvacées (p. 105). — **11.** Quelle est la plante importante parmi les *malvacées* ?

La plante importante des **malvacées** est le **coton**, dont on tisse tant d'étoffes.

Rubiacées (p. 105). — **12.** Quelles sont les plantes les plus importantes de cette famille ?

Parmi les **rubiacées**, on doit remarquer : la *garance*, qui donne une belle couleur rouge; le *quinquina* qui guérit la fièvre, et le *caféier* qui donne le café.

Composées (p. 106). — **13.** Qu'offre de remarquable la structure des fleurs *composées* ?

Les **composées** (chardons, chicorées, reines-marguerites), offrent cela de remarquable, que chaque fleur est un *assemblage de petites fleurs* de formes variées.

Cucurbitacées (p. 107). — **14.** Que remarque-t-on chez les *cucurbitacées* ?

Les **cucurbitacées** sont remarquables parce que, sur la même plante, il y a des fleurs *à étamines seulement* et des fleurs *à pistil seulement*.

Amentacées et conifères (p. 108). — **15.** Les familles des *amentacées* et des *conifères* offrent-elles de l'intérêt ?

Les **amentacées** nous fournissent les bois de *chêne*, de *charme*, de *peuplier*, de *hêtre*; les **conifères** nous donnent les bois de *pin* et de *sapin*.

Monocotylédonés.

94. Liliacées. — Cette *tulipe jaune* (fig. 41), qui fleurit en abondance dans nos prés, et toutes les autres tulipes que nous cultivons dans les jardins, sont des plantes dont la graine n'a qu'**un seul cotylédon**.

FIG. 41. — Tulipe jaune. Sa racine est un *oignon*.

1. J'ai arraché une tulipe; vous voyez quelle singulière racine. L'*oignon* en a une semblable, et c'est pourquoi on appelle *oignon* ce renflement*.

2. Les *jacinthes*, l'*ail*, l'*échalote*, le *poireau*, le beau *lis blanc* de nos jardins, ont un oignon, une fleur et

---

1. Quelles particularités présente la racine de la tulipe? — **2.** Citez quelques liliacées.

un fruit semblables à ceux de la tulipe, et vous voyez que le *lis*
a donné son nom à la
famille des **liliacées**.

1. L'*asperge*, dont
on mange les jeunes
pousses, le *muguet*,
aux fleurs blanches
odorantes, sont aussi
des liliacées ; mais
leurs fruits sont *char-*
nus *, et, au lieu
d'*oignons*, ils ont des
tiges souterraines ra-
mifiées *, que les
jardiniers appellent
griffes (fig. 42).

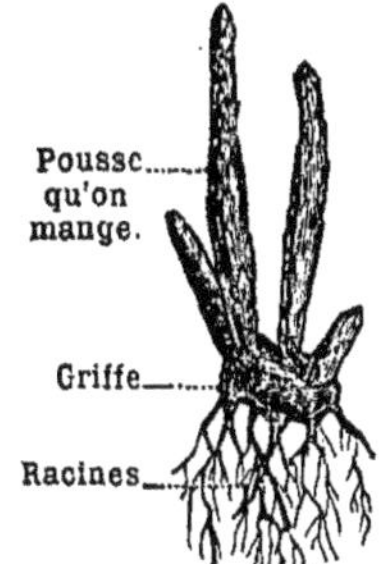

FIG. 42. — Pied d'asperge. — La *griffe* se ra-
mifie sous le sol; sur ces ramifications se
trouvent des *yeux*, d'où sortent d'autres
asperges, comme sur le pied.

95. Graminées. — 2. Le **blé**, comme nous l'avons
vu, et les autres plantes de la famille
des **graminées** (*avoine*, *orge*, *seigle*,
chiendent, *millet*, *canne à sucre*, etc.),
n'ont que de petites fleurs sans beaux
pétales colorés.

Mais, comme je vous l'ai expliqué,
leurs fleurs n'en sont pas moins complètes, avec leurs trois étamines et
leur pistil à une seule graine. Elles
sont disposées en *épis*.

Le *riz*, qui croît dans les terrains
marécageux * des pays chauds, est une
graminée.

De même le *maïs* (fig. 43), où les
fleurs à étamines sont séparées des
fleurs à pistils.

Presque toutes les graminées sont
des *herbes* d'assez petite taille. Leur
nom vient du mot latin *gramen* (herbe,
gazon).

FIG. 43. — Maïs en fleur.
— A fleurs à étamines ;
B fleurs à pistil, qui
donneront l'*épi* de maïs.

---

1. A quelle famille appartiennent
l'asperge, le muguet, et quelle
particularité présente la racine
de ces plantes ? — **2.** Les plantes de la famille des graminées
ont-elles des fleurs brillantes ?
— Citez les principales graminées.

Cependant la *canne* * *à sucre*, le *sorgho* * et la *canne* * *de Provence* arrivent à la taille de quelques mètres ; certains *bambous* sont de vrais arbres.

RÉSUMÉ. — Monocotylédonés.

Liliacées (p. 110). — **1.** Qu'est-ce qui caractérise les *liliacées ?*

Graminées (p. 111). — **2.** Quelles ressources nous offre la famille des *graminées ?*

Les **liliacées** ont une **tige souterraine** (oignon ou griffe).

La famille des **graminées** comprend le *blé*, l'*orge*, l'*avoine*, le *maïs*, le *riz*, le *seigle*, la *canne à sucre*, etc.

II. Plantes sans fleurs.

96. Fougères. — Je vous montre un pied de fougère (fig. 44) que j'ai arraché tout entier, non sans peine.

1. La tige T était cachée sous terre, comme celle de l'asperge, et il en sort quantité de feuilles. Les jeunes A sont enroulées en crosse ; en vieillissant elles s'étalent, et vous voyez comme elles sont élégamment découpées.

2. Regardez, à l'envers de cette feuille B, ces petites tâches jaunes ; ce sont des masses de graines réunies, qui ressèmeront la fougère. Il n'y a pourtant jamais eu là, ni fleurs, ni étamines, ni pistils.

Fig. 44. — Pied de fougère. — T, tige cachée sous terre ; A, jeune feuille enroulée en crosse ; B, feuilles portant en dessous les petites graines de la fougère.

---

1. Faites la description d'une fougère.

2. Comment se reproduisent les fougères ?

Dans les pays chauds, certaines fougères, dont la tige s'élève droite hors de terre, sont de véritables arbres.

97. Mousses. — 1. Il faut regarder à la loupe* ces jolis végétaux (fig. 45), pour bien voir leurs petites tiges, et leurs feuilles délicates. Il y en a quantité d'espèces à terre, sur les murs, sur les troncs d'arbre.

Quelques-unes de ces tiges poussent un prolongement qui porte une petite boule. C'est là que sont les graines.

FIG. 45. — Mousse.

98. Champignons. — 2. Jusqu'ici tous les végétaux dont nous avons parlé étaient **verts**, et possédaient racines, tiges et feuilles.

Avec ce champignon blanc (fig. 46), qui a poussé dans ma cave sur une couche*, il semble que nous soyons dans un monde nouveau. Plus de racines, plus de feuilles, plus de fleurs, plus de couleur verte.

Quantité d'autres espèces, de tailles très inégales, et fort diversement colorées en rouge, en

FIG. 46. — Champignons de couche*.

jaune, en violet, se rencontrent principalement dans les bois et dans les lieux humides et obscurs. La plupart sont **vénéneux***.

3. Cependant quelques champignons sont bons à manger. Il faut citer en première ligne la *truffe*, qui vit sous terre, entre les racines des chênes.

Parmi les vrais champignons qu'on mange, il faut distinguer les *agarics*, qui ont des lamelles* sous leur chapeau; les *cèpes* ou *bolets*, qui ont des tubes; les *morilles*, dont la tête est toute bosselée.

99. Moisissures. — 4. Les *moisissures* sont des **champignons** si petits qu'il faut y regarder de près pour les apercevoir. 5. Elles ne sont pas, pour la plupart, vénéneuses*;

---

1. Parlez des mousses. — 2. Quelles particularités présentent les champignons? — 3. Citez quelques champignons bons à manger. — 4. A quelle classe appartiennent les moisissures? — 5. Y en a-t-il de nuisibles?

mais elles sont fort désagréables, gâtant tout à la moindre humidité.

1. Certaines espèces nous font beaucoup de tort en s'attaquant aux plantes cultivées sur lesquelles elles vivent et qu'elles épuisent. L'*ergot* * du seigle, la *rouille* * du blé, sont des moisissures. La terrible maladie de la vigne que le phylloxera a presque fait oublier, l'*oïdium* *, est produite par une moisissure.

Fig. 47. — Algue marine.

2. Plusieurs maladies de peau, la *teigne* entre autres, sont le résultat du développement de certaines moisissures à la surface ou dans l'épaisseur de la peau.

3. Enfin, ce sont des espèces de toutes petites moisissures qui déterminent les *fermentations* *. Le vin, la bière, le vinaigre, ne se feraient pas sans elles.

100. **Algues.** — 4. Ces longs filaments verts, qui ont poussé dans mon tonneau d'arrosage, sont des *algues*.

Dans les eaux de la mer, on en trouve quantité d'espèces très jolies et très curieuses de formes (fig. 47), et dont beaucoup sont colorées en rouge.

RÉSUMÉ. — Plantes sans fleurs.

1. Énumérez les espèces de plantes sans fleurs.

Les plantes sans fleurs sont : les *fougères*, les *mousses*, les *champignons* et les *algues*.

LECTURES.

22e Lecture. — **Plantes dangereuses.** — Défiez-vous des fruits inconnus qu'on trouve dans les haies et dans les bois;

---

1. Citez des moisissures qui rendent les plantes malades. — **2.** Qu'est-ce qui produit la teigne ? — **3.** Qu'est-ce que la fermentation? — **4.** Que savez-vous des algues?

plus ils sont jolis, appétissants, et même quelquefois agréables à manger, plus il faut se mettre en garde contre la tentation.

Les baies noires de la *morelle*, les baies rouges de la *douce-amère* peuvent donner aux enfants des vomissements, de la somnolence * et autres accidents assez sérieux. Mais cela n'est rien à côté des fruits de la *belladone*, douceâtres au goût et semblables pour la couleur et la grosseur à de petites cerises ! Que d'empoisonnements ils ont causés, je dis, vrais empoisonnements, suivis de mort.

Vous risqueriez de vous purger plus que de raison, si vous mangiez les fruits rouges de l'*if*, les baies noires du *sureau*, du *lierre*, et surtout celles du *nerprun*; il est vrai que ces dernières sont horriblement mauvaises. Mais cela n'arrête pas toujours les enfants, surtout quand ils sont tout petits. L'année dernière, un enfant de trois ans est mort ici pour avoir mangé des graines de *stramoine*, et il est cependant peu de choses moins appétissantes.

Les *fruits* ne sont pas seuls dangereux. Bien des plantes ont, dans la *tige* ou dans les *feuilles*, un suc âcre, capable de brûler la langue si on les porte à la bouche. Les *fleurs* de certaines autres plantes sont de vrais poisons. Enfin, bien des *racines* charnues * dans lesquelles on pourrait être tenté de mordre, vous en feraient vite repentir.

Vous voyez qu'il vous faudra de la prudence dans les *herborisations* * que nous ferons ensemble ! D'une manière générale, ne portez à la bouche ni fleurs, ni feuilles de plantes inconnues, et défiez-vous surtout de celles qui donnent *un suc laiteux, blanc ou jaune*. Rappelez-vous ce que je vous ai dit pour les *fruits*. Quant aux *racines*, vous n'avez sans doute pas grande envie de les déterrer, et celles qui sont dangereuses ont d'ordinaire un goût abominable.

23° Lecture. — **Champignons vénéneux.** — Dans chacun des groupes de champignons, il y a des espèces extraordinairement vénéneuses, ressemblant souvent beaucoup à une espèce comestible *.

Aussi, il n'y a rien de plus dangereux que de manger des champignons cueillis dans les champs. Les personnes qui prétendent s'y connaître le mieux risquent de s'y faire prendre, et tous les jours on lit dans les journaux les récits d'accidents terribles, détruisant quelquefois toute une famille d'un coup. Croyez-moi, ne mangez que ces champignons blancs venus sur couche *; avec eux, il n'y a rien à craindre.

24° Lecture. — **Bourgeons et taille des arbres.** — J'ai coupé ce matin un petit rameau d'un de mes poiriers. Voyez à l'extrémité de chaque *branche* et à l'*aisselle* * de chaque feuille, ces petits corps durs, couverts d'écailles et qui ressemblent un peu à des pommes de pin en miniature *. Ce sont les **bourgeons**, ou les **yeux** (fig. 48), comme on dit en terme de jardinage. C'est par les bourgeons que les arbres grandissent ; les bourgeons sont une petite branche en miniature*.

Les bourgeons se forment pendant l'été ; ils restent comme morts pendant l'hiver et s'épanouissent au printemps.

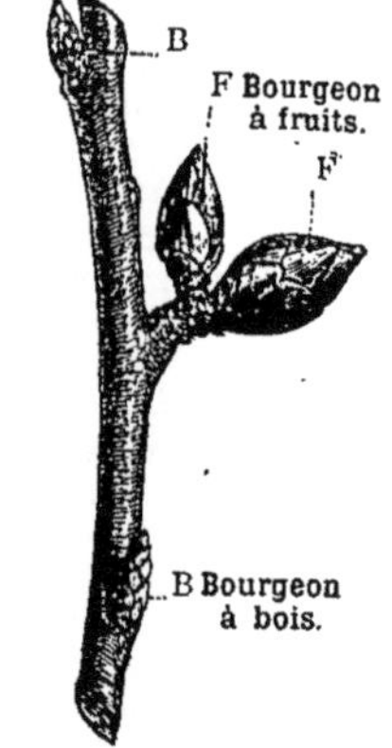

FIG. 48. — Rameau de poirier portant des *bourgeons à bois* B, et des *bourgeons à fruits* F.

Les uns donneront des *branches* et des *feuilles ;* les autres, des *fleurs* et des *fruits*. Les premiers sont appelés **bourgeons à bois** B ; ils se distinguent par une forme plus allongée ; les seconds sont les **bourgeons à fruits** F, qu'on reconnaît à leur forme plus ronde.

En général, les *bourgeons à fruits* sont pressés de s'épanouir ; ils s'ouvrent avant les autres, et beaucoup d'arbres sont couverts de fleurs avant d'avoir des feuilles. C'est ce qui arrive pour les pommiers notamment, lesquels, au printemps, ont l'air d'autant de gros bouquets.

Mais n'allez pas croire que notre poirier se couvre de fleurs et de fruits sans que je m'en occupe. Il s'en faut de beaucoup. Chaque année, avant le printemps, je **taille** mon poirier, c'est-à-dire, je coupe les branches et les *bourgeons à bois* qui se sont développés outre mesure pendant l'été précédent, et je cherche à conserver le plus possible de *bourgeons à fruits*.

La taille des arbres fruitiers est véritablement un *art ;* je vous en exposerai les principes lorsque vous serez plus avancés.

25e LECTURE. — Doublement des fleurs. — Les belles variétés de roses que nous cultivons diffèrent beaucoup de l'*églantine* ou rose sauvage. Regardons ensemble une églantine et une *rose à cent feuilles* (fig. 49).

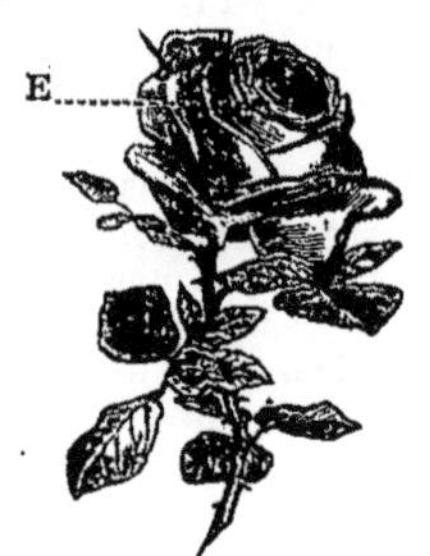

FIG. 49. — Rose à cent feuilles. — E, *pétales* colorés provenant d'*étamines* transformées.

Au lieu de cinq pétales que vous montre l'églantine, la rose de jardin vous en présente un très grand nombre. Mais en revanche, vous n'y trouvez plus d'*étamines*, ni de *pistils !* C'est que, par un très curieux effet de la culture, ces organes se sont transformés en **pétales**.

Voilà ce que c'est que le *doublement* des fleurs. C'est la transformation en pétales colorés des étamines, et souvent aussi des pistils. Vous comprenez pourquoi les plus belles fleurs doubles sont celles qui, étant simples, ont beaucoup d'étamines et de pistils. C'est le cas des roses, c'est celui des renoncules.

Dans les *dahlias* et les *reines-marguerites* doubles, qui sont des composées, ce ne sont pas les étamines qui sont transformées en pétales ; ce sont les petites fleurs du centre, qui sont devenues semblables aux grandes fleurs du bord.

26ᵉ LECTURE. — **Boutures**. — Je vois notre questionneur habituel, Jacques, qui veut me demander quelque chose ; et il faut l'écouter, c'est presque toujours quelque chose de très raisonnable.

— Monsieur, s'il n'y a ni étamines ni pistils, comment fait-on pour avoir des graines de rosier ? Comment pourra-t-on avoir d'autres pieds de la belle rose que vous venez de nous montrer ?

— Voyez-vous que sa question est très sage ! Souvent, mon enfant, il reste quelques étamines et quelques pistils, qui ne se sont pas transformés ; le fruit se *noue* *, et on a des graines.

Mais, en général, on ne sème pas ces graines, et c'est par un autre procédé que l'on conserve les belles variétés.

Voyez-vous, sur cette jeune branche de rosier, ces petits bourgeons, ces *yeux*, comme disent les jardiniers. Quand ils grandiront, ils deviendront des branches, et sur elles pousseront tout naturellement des roses pareilles à celles du reste du rosier.

Eh bien, si je mets cette jeune branche dans de la terre humide, si je la soigne bien, il va lui pousser des racines, et elle grandira comme si elle était restée sur l'arbuste. J'aurai ainsi obtenu un nouveau pied de rosier, par *bouture*.

27ᵉ LECTURE. — **Marcottes**. — On peut procéder autrement. Venez regarder avec moi ce beau pied de rosier, *Gloire de Dijon*, qui garnit tout le devant de l'école. Chacun m'en demande des pieds. Aussi quand arrive la fin de l'automne, je couche en terre quelques branches, sans les détacher du pied (fig. 50). La partie A,

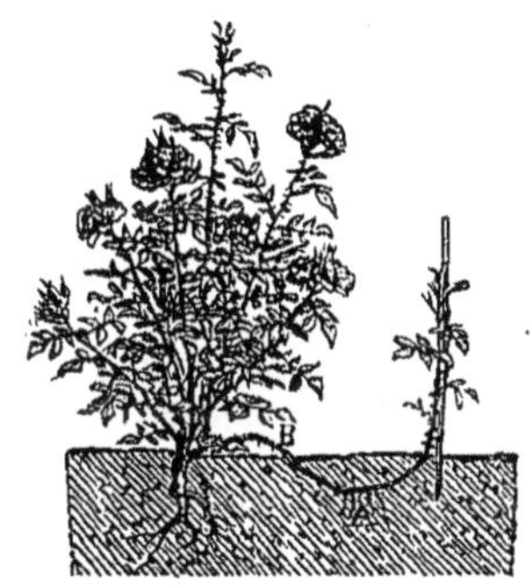

Fig. 50. — Marcotte. — B, branche couchée sous terre. — A, nouvelles racines.

qui est en terre, prend des *racines*, et quand ces racines sont assez fortes, je coupe la branche en B, du côté de la souche. J'ai de la sorte un nouveau rosier : il a été obtenu par *marcotte*.

28ᵉ LECTURE. — **Greffe**. — Enfin, il y a un autre procédé. Je

pourrais *bouturer* un œil tout seul* (fig. 51), sans la branche, en
le maintenant sur de la terre fine et humide.
Cela demande beaucoup de soins, mais
n'est pas impossible. Pour éviter tous ces
soins, quand on a détaché avec précaution le
précieux petit œil, on le bouture sur une
branche de rosier sauvage. Pour cela, on fait

<table>
<tr><td>Fig. 51. — Écusson. C'est un œil E détaché d'un rameau avec un lambeau d'écorce.</td><td>Fig. 52. — Écusson E mis en place dans une fente en T pratiquée sur l'écorce de l'églantier qu'on veut *greffer*.</td><td>Fig. 53. — L'écusson E est ligaturé * pour que la blessure faite à l'écorce se referme.</td></tr>
</table>

une fente à l'écorce (fig. 52), et on applique l'œil sur la partie
humide qui est sous l'écorce en refermant la blessure avec un
lien (fig. 53). L'œil E s'y colle, s'y attache, et au lieu de pousser
des racines pour tirer sa nourriture de la terre, il suce directe-
ment la sève de l'églantier, et comme les propres yeux de l'églantier lui-même. C'est là ce qu'on appelle la *greffe*.

Quand la saison sera venue, je vous montrerai comment on s'y
prend pour *greffer*.

29ᵉ Lecture. — **Variétés**. — Mais, Monsieur, puisqu'on a
quelquefois des graines de rose, pourquoi s'embarrasse-t-on de
boutures et de greffes? Pourquoi ne sème-t-on pas tout simplement ces graines?

— C'est ce qu'on fait aussi, ami Jacques. Mais, chose très
curieuse, ces graines de roses doubles ne donnent pas des roses
semblables à celles qui les ont produites. Quelquefois les roses
obtenues par *semis** sont plus belles, quelquefois moins belles,
avec des changements de forme, de taille, de couleur. C'est en
procédant ainsi par *semis*, que les jardiniers obtiennent de nouvelles *variétés* de roses. Mais pour être sûr de conserver la *même
rose*, il faut *marcotter*, *bouturer* ou *greffer*.

Les choses se passent de même pour beaucoup de végétaux
cultivés. Ainsi, semez des pépins de poires ou de pommes, des
noyaux de pêches ou de prunes, vous aurez grandes chances de
ne rien obtenir de bon. C'est pourquoi on *bouture* et on *greffe*
ces arbres, comme on fait pour les rosiers.

IV. — LES PIERRES

101. Comment on distingue les pierres les unes des autres. — Nous avons appris à distinguer les animaux les uns des autres par leur grosseur, leur forme, et la différence des organes qui existent dans l'intérieur de leur corps.

Mais on ne peut distinguer les pierres les unes des autres par les mêmes moyens. D'abord il n'y a pas d'organes dans l'intérieur d'une pierre ; puis, à coups de marteau, on peut toujours changer la forme d'une pierre et diminuer son volume. Elle reste cependant pierre comme devant.

Il faut donc, pour reconnaître les diverses espèces de pierres les unes des autres, rechercher d'autres caractères.

Il y a la **dureté** d'abord, car vous savez bien que toutes les pierres ne sont pas également dures.

102. Pierres dures. — 1. Voici un morceau d'une pierre appelée **silex**, qui a un bord tranchant, une *arête vive*, comme on dit. Je frotte avec lui cet autre fragment, qui vient des **pierres de taille** avec lesquelles on a construit l'école. Vous voyez que la pierre de taille est aisément rayée par le silex. De plus la pointe de mon couteau, qui peut mordre aisément sur la pierre de taille, glisse sur le silex. Le silex est donc très **dur**, la pierre de taille l'est beaucoup moins.

103. Pierres tendres. — Prenons ce morceau de pierre à plâtre que m'a donné le maître maçon. 2. Celle-ci est rayée par le silex et par le couteau, et aussi par la pierre de taille ; mon ongle même entre dedans ! Voilà une pierre bien tendre !

104. Argile. — 3. Enfin, voici une pierre plus tendre encore. C'est de la terre glaise, de l'argile, sur laquelle tout marque. Elle est si molle qu'elle garde l'empreinte de tous les objets qu'on applique un peu fort sur sa surface.

Ainsi le plus ou moins de *dureté* constitue déjà des dif-

---

1. Comment reconnait-on par la dureté le silex ? 2. La pierre de taille ? — 3. L'argile ?

férences importantes entre les diverses espèces de pierres.
Mais il est d'autres différences plus considérables, et de
beaucoup.

105. Action du vinaigre sur les pierres. —
Je mets dans ces quatre verres un petit morceau de cha-
cune de nos quatre pierres. Puis, dans les quatre verres,
je verse du vinaigre *très fort.* 1. Le silex (fig. 1), la **pierre à
plâtre** (fig. 2), l'**argile** (fig. 3), restent parfaitement tranquilles, et vous n'y remarquez rien de particulier.

Mais voyez la **pierre de taille** (fig. 4); il en sort quantité
de petites *bulles* * *de gaz* qui forment une
mousse à la surface. Ce gaz n'est pas de l'air,

Fig. 1.— Le *vi-
naigre* n'a pas
d'action sur le
silex.

Fig. 2. — Ni
sur la *pierre à
plâtre.*

Fig. 3. — Ni
sur l'*argile.*

Fig. 4. — Au
contraire, des
bulles *d'acide
carbonique* se
dégagent de la
pierre de taille.

mais bien de l'*acide carbonique* dont je vous parlerai bientôt; on dit qu'il y a **effervescence.**

106. Action du feu sur les pierres. — Autre
chose encore. Nous avons là un bon feu de charbon de
terre; j'y place une grande cuiller en fer, et vous voyez
qu'elle rougit bientôt.

2. Alors, je dépose dans la cuiller un morceau d'**argile**. Il
rougit, à son tour. Retirons-le, et laissons-le refroidir.
Chose curieuse, de mou, de *malléable* * qu'il était, le voici
devenu *dur* comme de la brique; et c'est maintenant un
morceau de brique, en effet.

3. Mettons maintenant dans la cuiller la **pierre à plâtre.**
Celle-ci ne conserve pas bien sa forme en cuisant, elle
pétille et se divise. Elle devient tout à fait *friable*, c'est-à-
dire facile à mettre en poudre. Ajoutons un peu d'eau à
cette poudre, que j'ai laissée refroidir : chose curieuse, la
pâte se réchauffe un peu, puis durcit assez rapidement.
Vous reconnaissez bien cette pâte, Jacques, pour l'avoir

1. Quelle est l'action du vinaigre | Quelle est l'action du feu sur l'ar-
sur les différentes pierres? — **2.** | gile? — **3.** Sur la pierre à plâtre?

assez souvent maniée chez votre père? — Oh! oui, Monsieur, c'est du *plâtre.*

1. Au tour de la **pierre de taille.** Elle se comporte à peu près comme la pierre à plâtre, sauf qu'elle reste plus dure et ne se met pas facilement en poudre. Attendons aussi le refroidissement, et mettons-la dans l'eau. Voyez quel *bouillonnement!* L'eau s'est tellement échauffée qu'on ne pourrait pas y toucher. Puis, tout s'apaise, et il se forme ainsi une sorte de pâte, mais bien différente du plâtre gâché. C'est de la *chaux,* crie Jacques, et il a raison.

Enfin, prenons notre morceau de **silex.** 2. Lui, ne change pas d'aspect; il reste le même, après comme avant d'avoir passé au feu. Seulement, il a éclaté à grand bruit. Comme je m'y attendais, j'ai eu soin de bien couvrir la cuiller avec la pelle, et les éclats ne nous ont pas sauté aux yeux. J'avais, du reste, pris la même précaution dans les expériences que je viens de faire.

107. Caractères des diverses pierres. — 3. Ainsi, vous voyez que nous connaissons déjà quatre espèces de pierres.

1° Le *silex,* extrêmement dur, plus dur que l'acier, inaltérable au feu, non susceptible d'être rayé par le couteau, et sur qui le vinaigre ne mord pas;

2° L'*argile,* très malléable*, où le pouce enfonce, qui durcit au feu, et qui n'est pas non plus attaquée par le vinaigre;

3° La *pierre à plâtre,* nommée *gypse* par les savants, très tendre, se rayant avec l'ongle, se changeant en plâtre par la cuisson et qui est, comme les précédentes, inattaquable par le vinaigre;

4° La *pierre de taille,* plus dure que le gypse et que l'argile, mais que le couteau raye, d'où le vinaigre fait sortir de l'acide carbonique, et qui, étant chauffée, se transforme en chaux. On appelle cette pierre du *calcaire* (d'un mot latin qui veut dire *chaux*).

108. Autres productions minérales. — 4. Mais ce ne sont pas les seules productions qu'on trouve dans le sol. Il y en a d'autres, comme l'*ardoise,* la *marne*,* le *grès,* le

---

1. Quelle est l'action du feu sur la pierre de taille? — 2. Sur le silex? — 3. Quels sont les caractères des diverses pierres? — 4. Connaissez-vous d'autres productions minérales que les pierres?

granit, dont je vous parlerai plus complètement l'année prochaine.

On y trouve aussi du *charbon de terre*, et des métaux comme le *fer*, le *plomb*, l'*argent*, etc.

109. Pierres précieuses. — **1.** Il y a également le *diamant*, qui est une espèce de charbon de terre, et les **pierres précieuses**, le *rubis* et l'*émeraude*, par exemple, qui sont des espèces de silex.

RÉSUMÉ. — LES PIERRES.

Divers degrés de dureté des pierres (p. 119). — **1.** Les pierres sont-elles également dures ?

On peut distinguer les pierres par leur degré de **dureté** ; les *pierres très dures*, comme le *silex* ou pierre à fusil ; les *pierres dures*, comme la *pierre de taille* ; les *pierres tendres*, comme la *pierre à plâtre* ; et les *pierres molles* comme l'*argile*.

Action du vinaigre sur les pierres (p. 120). — **2.** Quelle est l'action du vinaigre sur les différentes espèces de pierres ?

Le vinaigre n'a aucune action sur le *silex*, ni sur la *pierre à plâtre*, ni sur l'*argile* ; mais si on y plonge de la *pierre de taille*, il se produit de l'effervescence, c'est-à-dire un dégagement de bulles *d'acide carbonique*.

Action du feu sur les pierres (p. 120). — **3.** Quelle est l'action du feu sur les différentes espèces de pierres ?

Mise au feu, l'*argile* devient dure comme de la brique ; la *pierre à plâtre* se réduit en poudre ; la *pierre de taille* devient de la **chaux**. Quant au *silex*, il ne change pas d'aspect, mais il éclate en fragments.

Autres productions minérales (p. 121). — **Pierres précieuses** (p. 122). — **4.** N'y a-t-il pas d'autres productions minérales ?

On trouve encore dans la terre : l'*ardoise*, la *marne**, le *grès*, le *granit*, le *charbon*, les *métaux* (fer, plomb, etc.), les *pierres précieuses* (diamant, rubis, etc.)

LECTURES.

30e **LECTURE. — Usage des pierres.** — On recherche les pierres siliceuses pour leur grande dureté. Ainsi, les meules de moulin sont en pierre siliceuse. Demandez à M. Lhéritier, le meunier, si elles sont dures à repiquer* ! Il y use ses ciseaux d'acier, et les éclats lui ont tatoué* la peau des mains.

---

1. Qu'entend-on par pierres précieuses ?

Le *granit*, si dur, et dont on fait des constructions si solides, est aussi une pierre siliceuse.

La dureté des pierres **calcaires** varie beaucoup; les maçons disent qu'il y a parmi elles des pierres *dures* et des pierres *tendres*, et ils ont raison. Avec les premières, ils font les fondations, les soubassements*; avec les autres, les murs mêmes.

Un grand nombre de pierres calcaires durcissent beaucoup à l'air; aussi on les taille le plus tôt possible, alors qu'elles ont encore leur *eau de carrière**. Il en est qui éclatent pendant l'hiver, qui sont *gélives*, comme on dit.

Les plus dures des pierres calcaires prennent un beau poli, quand on les use en les frottant avec du sable. Tels sont les *marbres*.

Le peu de dureté des pierres **gypseuses** permet de les tailler aisément. Aussi on fait avec une variété nommée *albâtre*, des objets d'ornement qui ne coûtent pas cher; mais cela n'a guère d'importance.

On utilise la *malléabilité** des pierres **argileuses** pour leur donner la forme qu'on veut. Puis on les durcit en les faisant cuire. De là, les grandes industries de la *tuilerie*, de la *briqueterie* et de la *poterie*.

Les *faïences*, les *porcelaines*, sont faites de même, avec des argiles très fines et très blanches.

31* LECTURE. — **Le plâtre**. — La *pierre à plâtre* est assez rare. Il y en a de très belles carrières près de Paris. On dispose la pierre dans de grands fours où elle cuit (fig. 5); puis on la broie et on la met dans des sacs que l'on a soin de placer dans un lieu sec. Vous savez comment les plâtriers emploient le plâtre : ils le « gâchent » avec de l'eau, puis s'en servent aussitôt pour faire des enduits de murs, des plafonds, etc.

32e LECTURE. — **Chaux et ciments**. — Les *pierres à chaux* se cuisent aussi dans des fours (fig. 6). On appelle *chaux vive* la chaux qu'on vient de retirer du four. Elle ne peut pas se conserver très longtemps, car à l'air elle finit par redevenir de la pierre à chaux comme elle l'était auparavant.

Vous avez vu les maçons la jeter dans l'eau, dans un petit

Fig. 5. — Coupe d'un four à plâtre. — La *pierre à plâtre*, chauffée fortement, donne le *plâtre* dont se servent les maçons.

bassin fait avec du sable. Alors elle se délite*, elle fuse*, en s'échauffant beaucoup, et finit par devenir une pâte d'un beau blanc. C'est là la *chaux éteinte*. On la mêle ensuite avec du sable fin pour obtenir le *mortier*, espèce de colle avec laquelle on fait

tenir, *adhérer* les unes aux autres, les pierres qui forment les murs.

Il existe encore une autre variété de chaux, dite *chaux hydraulique*, qui, mélangée avec du sable fin, forme un mortier qui jouit de la remarquable propriété de **durcir** sous l'eau. C'est ce qu'on nomme un *mortier de chaux hydraulique*.

Les ciments naturels sont des pierres où se trouvent mélangées la *pierre à chaux* et l'*argile*. On les réduit en poudre, on les délaye dans l'eau, et ils deviennent, en séchant, **aussi durs** que de la pierre.

On peut, en faisant avec soin des mélanges semblables, obtenir des *ciments artificiels**.

La *chaux hydraulique* est une variété de ciment.

Fig. 6. — Coupe d'un four à chaux. — Quand on chauffe les *pierres calcaires* à une très haute température , elles se transforment en *chaux*.

33ᵉ Lecture. — **Le charbon de terre.** — On trouve en certains endroits, notamment dans le département du Nord, et dans la vallée de la Loire, du **charbon de terre**, à des profondeurs souvent très grandes. Vous savez qu'on s'en sert

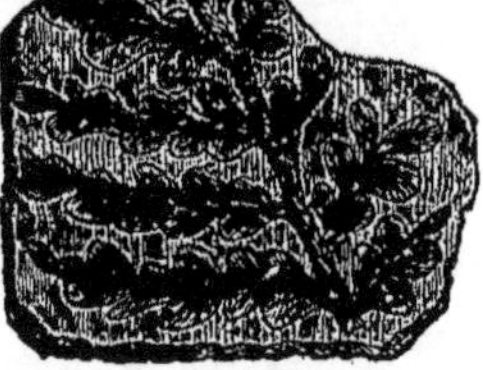

pour se chauffer et pour en extraire le gaz d'éclairage.

Ce charbon est le reste d'immenses *forêts* qui couvraient la terre il y a des millions de siècles, et qui ont été enfouies, on ne sait trop comment.

Comment a-t-on pu savoir que le charbon de terre provenait de ces antiques* forêts? — De la manière la plus simple et la plus précise. Dans les mines à charbon, on découvre quelquefois des arbres

Fig. 7. — Empreinte d'un rameau de fougère sur un morceau de houille.

entiers dont on distingue le tronc et les branches, et très souvent des empreintes de feuilles semblables, pour la plupart, à celles de nos fougères (fig. 7).

V. — LES TROIS ÉTATS DES CORPS

I. État solide, état liquide, état gazeux.

110. Les solides. — Voici (fig. 1) un *morceau de bois* M, une *balle de plomb* B, une *pierre* P. **1.** Ces **corps**, comme on dit en science, ont une **forme** déterminée ; ils restent là, tranquilles et isolés* sur la table où je les ai placés. Ils sont durs, et j'essayerais en vain d'y faire entrer mon doigt. On les appelle des **corps solides.**

Fıɢ. 1. — Le bois, le plomb, la pierre sont des corps *solides.*

111. Les liquides. — A côté, voici de *l'eau* (fig. 2). **2.** Je ne puis vous montrer cette eau *isolée*, comme la pierre ; il faut que je la mette dans un verre ou dans une bouteille. Sans cela, elle *s'écoulerait* et s'étalerait sur la table. Elle *n'a pas de forme* à elle. J'y puis, sans éprouver aucune résistance, faire entrer mon doigt. C'est un **corps liquide.**

Fıɢ. 2. — Verre plein d'eau. L'eau est un corps *liquide.*

112. Les gaz. — **3.** Enfin, je plonge sous l'eau cette bouteille vide (fig. 3). Voyez-vous, au fur et à mesure que l'eau entre dans la bouteille, ces bouillons qui s'échappent en A? Qu'est-ce

---

1. A quoi reconnait-on un corps solide? — 2. A quoi reconnait-on un corps liquide? — 3. Par quelle expérience démontre-t-on l'existence des gaz?

que ces bouillons, Paul? — Monsieur, c'est l'*air* qui rem-
plissait la bouteille. —
Bien. Or, cet air qui
n'a pas de forme, pas
plus que le liquide, mais
qui s'échappe et s'envole
pour ainsi dire, tandis
que le liquide tombe-
rait à terre, c'est ce
qu'on appelle un **gaz** ou
un **corps gazeux**.

1. Les corps se présen-
tent donc à nous sous
trois aspects, ou, comme
disent les physiciens,
sous **trois états** : état
solide, état **liquide**, état
gazeux.

FIG. 3. — L'air qui s'échappe en A de
la bouteille est un corps *gazeux*.

**113. Différences
entre les corps so-
lides**. — Il faut savoir
qu'il y a des degrés dans la *solidité* des corps.

2. D'abord, ils sont plus ou moins **durs** ou plus ou moins
mous. Ainsi, il y a loin d'une pierre à une motte de beurre !
Et pourtant ce sont deux corps solides.

Je gratte cette *pierre* avec un clou de *fer* (fig. 4); le clou
y fait une raie. Cela
veut dire que le fer est
plus dur que la pierre.

De même, le clou
de *fer* raye aisément
la balle de plomb : le
plomb est *moins dur*
que le fer.

Si je gratte la tête de
mon marteau, qui est en
fer, avec cet éclat tranchant de *silex* ramassé

FIG. 4. -- Le clou de fer raye la pierre.
Le fer est plus *dur* que la pierre.

sur la route, je raye le fer : le silex est *plus dur* que le fer.

1. Nommez les trois états des | sont-ils également durs? donnez
corps. — 2. Tous les corps solides | des exemples.

1. Mais si je frappe le morceau de *silex* d'un bon coup de mon marteau de *fer* (fig. 5), le silex se brise en éclats.

C'est que le silex, bien qu'il soit plus dur que le fer, est plus **friable*** que lui. Le plus dur de tous les corps, c'est-à-dire celui qui les raye tous, le *diamant**, se briserait

Fig. 5. — Un coup de marteau brise le silex ; le silex est *friable**.

de même d'un coup de marteau, ou même simplement entre deux pierres : mais c'est là une expérience trop chère pour nous !

2. Si je mets ma balle de *plomb* sur cette pierre (fig. 6),

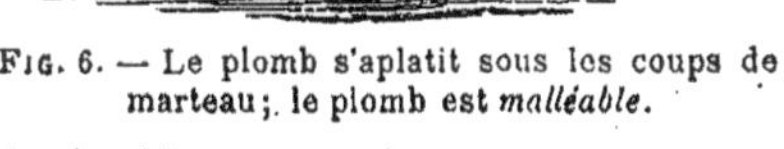

et si je la frappe avec le marteau, elle s'aplatit et s'écrase. Avec un peu de patience, j'en ferais une simple feuille.

On exprime cela en disant que le plomb est **malléable**

Fig. 6. — Le plomb s'aplatit sous les coups de marteau ; le plomb est *malléable*.

(mot qui vient du latin *malleus*, lequel signifie *marteau*).

Autre chose : **3.** Voici un crayon *d'ardoise*, et un tuyau de *plomb* de la même grosseur. Rien ne m'est plus facile que de

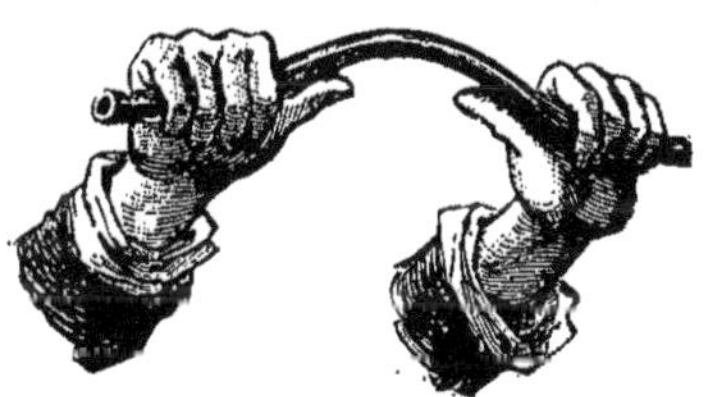

tortiller celui-ci dans tous les sens (fig. 7). Pour le crayon d'ardoise, impossible de le plier ; il casserait plutôt. On dit que le plomb est **flexible**.

Enfin, comparez ce fil de *fer* avec cette aiguille à tricoter, qui est

Fig. 7. — Un tuyau de plomb se laisse plier dans tous les sens : le plomb est *flexible*.

---

1. Qu'est-ce qu'un corps friable? —
2. Qu'est-ce qu'un corps malléable? |
— **3.** Qu'est ce qu'un corps flexible?

128   V. — LES TROIS ÉTATS DES CORPS.

en *acier**. Ils sont de même grosseur. 1. Le fil de fer, je puis le

voyez que des *gouttes d'eau* y apparaissent. C'est le gaz qui,
en se refroidissant, est redevenu liquide.

1. Ainsi, état *solide*, état *liquide*, état *gazeux*, c'est une
question de **chaleur**.

**116. Tous les corps peuvent exister sous
les trois états.** — 2. Tous les corps peuvent exister sous
chacun de ces *trois états*. Cela est très facile à voir pour
l'eau. Mais on peut en faire autant, plus ou moins aisément, avec tous les corps.

Ainsi, je mets ma balle de **plomb** dans la pelle à feu
(fig. 12) ; elle fond, elle se *liquéfie* bientôt, et si j'avais un

Fig. 12. — Sous l'influence de la chaleur, la
balle de plomb se fond, se *liquéfie*.

feu assez fort, le plomb
se changerait en *gaz*.

Ce morceau de **suif** est
un corps solide : pas
bien dur, il est vrai,
mais solide tout de
même, ayant une forme
à lui. Il me suffit de l'approcher du feu pour
qu'il fonde, pour qu'il devienne *liquide*. Je pourrais aussi
en faire du *gaz*, mais si j'opère comme pour le plomb sur la
pelle à feu, je courrai le risque de l'enflammer auparavant.

Je verse sur cette assiette de l'**esprit-de-vin**. Il s'*évapore*
et se change très vite en *gaz* si j'approche l'assiette du feu.
On peut d'autre part le *solidifier* en le soumettant à un froid
extrêmement vif.

On fait même bien mieux : on *liquéfie*, et on *solidifie*
l'**air** ! Mais il faut pour cela un outillage très compliqué.

3. Ainsi en chauffant un *solide* on en fait un *liquide ;* en
chauffant un *liquide*, on en fait un *gaz*. En refroidissant
un *gaz*, on en fait un *liquide* ; en refroidissant un *liquide*,
on en fait un *solide*.

117. Évaporation, ébullition. — Plus on *chauffe*,
plus le changement du liquide en gaz se fait *vite*.

Voici deux assiettes sur lesquelles j'ai versé la même quantité d'eau. J'en laisse une sur mon bureau (fig. 13) ; elle sera à
peine sèche dans deux heures, à la fin de la classe. Je mets

1. D'où proviennent les trois
états des corps ? — 2. Tous les
corps peuvent-ils prendre les

trois états ? — 3. Résumez la
règle des changements d'état des
corps.

II. Les changements d'état des corps.

115. La glace, l'eau, la vapeur. — 1. L'eau est un corps *liquide*. 2. Mais vous savez bien que quand il fait très froid, en hiver, elle se change en **glace** (fig. 9),

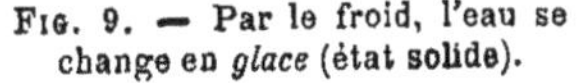

FIG. 9. — Par le froid, l'eau se change en *glace* (état solide).

FIG. 10. — L'eau en s'échauffant se change en *vapeur* (état gazeux).

et la glace est un corps *solide*. 3. Puis, quand la chaleur revient, la glace retourne à l'état d'eau, de liquide, se *liquéfie*.

Je mets de l'eau sur le feu dans cette marmite (fig. 10). 4. Vous voyez que l'eau, en chauffant, se change en **vapeur**, et vous savez que si je la laisse assez longtemps, elle se mettra à *bouillir*, et finira par disparaître, la marmite séchant alors complètement. Or, *vapeur* ou *gaz*, c'est la même chose.

5. Pendant que l'eau *s'évapore* ainsi, je place au-dessus un corps froid, cette assiette, par exemple (fig. 11). Vous

FIG. 11. — La vapeur d'eau redevient liquide au contact de l'assiette froide (état liquide).

---

1. Qu'est-ce que l'eau ? — 2. Quel est l'effet du froid sur l'eau ? — 3. Quel est l'effet de la chaleur sur la glace ? — 4. Qu'arrive-t-il lorsqu'on met un vase plein d'eau sur le feu ? — 5. Quel est l'effet d'un corps froid sur la vapeur d'eau ?

6.

voyez que des *gouttes d'eau* y apparaissent. C'est le gaz qui, en se refroidissant, est redevenu liquide.

1. Ainsi, état *solide*, état *liquide*, état *gazeux*, c'est une question de **chaleur**.

116. Tous les corps peuvent exister sous les trois états. — 2. Tous les corps peuvent exister sous chacun de ces *trois états*. Cela est très facile à voir pour l'eau. Mais on peut en faire autant, plus ou moins aisément, avec tous les corps.

Ainsi, je mets ma balle de **plomb** dans la pelle à feu (fig. 12) ; elle fond, elle se *liquéfie* bientôt, et si j'avais un feu assez fort, le plomb se changerait en *gaz*.

Fig. 12. — Sous l'influence de la chaleur, la balle de plomb se fond, se *liquéfie*.

Ce morceau de **suif** est un corps solide : pas bien dur, il est vrai, mais solide tout de même, ayant une forme à lui. Il me suffit de l'approcher du feu pour qu'il fonde, pour qu'il devienne *liquide*. Je pourrais aussi en faire du *gaz*, mais si j'opère comme pour le plomb sur la pelle à feu, je courrai le risque de l'enflammer auparavant.

Je verse sur cette assiette de l'**esprit-de-vin**. Il s'*évapore* et se change très vite en *gaz* si j'approche l'assiette du feu. On peut d'autre part le *solidifier* en le soumettant à un froid extrêmement vif.

On fait même bien mieux : on *liquéfie*, et on *solidifie* l'air ! Mais il faut pour cela un outillage très compliqué.

3. Ainsi en chauffant un *solide* on en fait un *liquide;* en chauffant un *liquide*, on en fait un *gaz*. En refroidissant un *gaz*, on en fait un *liquide;* en refroidissant un *liquide*, on en fait un *solide*.

117. Évaporation, ébullition. — Plus on *chauffe*, plus le changement du liquide en gaz se fait *vite*.

Voici deux assiettes sur lesquelles j'ai versé la même quantité d'eau. J'en laisse une sur mon bureau (fig. 13) ; elle sera à peine sèche dans deux heures, à la fin de la classe. Je mets l'autre près du feu ; elle séchera en moins d'un quart d'heure.

Je reviens à ma marmite qui est restée sur le feu (voir p. 129, fig. 10). L'eau y *bout* maintenant ; le changement en vapeur se fait brusquement, violemment, avec des bouillons et des ressauts ; encore quelques instants et la marmite sera à sec.

Fig. 13. — L'eau peut se changer en vapeur *lentement ;* c'est l'*évaporation.*—Quand le changement a lieu *brusquement,* c'est l'*ébullition.*

1. Un liquide peut donc se changer en gaz de deux manières : par l'**évaporation**, qui est lente, et par l'**ébullition**, qui est brusque et rapide.

118. Changements de volume. — 2. Presque tous les corps, en passant de l'état *solide* à l'état *liquide*, tiennent un peu plus de place, **augmentent un peu de volume**.

3. Lorsqu'ils passent de l'état *liquide* à l'état *gazeux*, il y a une **augmentation énorme** de volume. Ainsi, quand on fait bouillir de l'eau, la vapeur occupe 1 700 fois plus de place que l'eau qui l'a produite.

Tenir plus de place, c'est ce qu'on appelle se **dilater**.

4. Inversement, la plupart des corps *liquides*, en devenant solides, tiennent moins de place, **diminuent de volume**.

Tenir moins de place, c'est ce qu'on appelle se **contracter.**

119. Force de la vapeur d'eau bouillante. —

Voici une application bien importante de cette énorme augmentation de volume que subit l'eau en devenant vapeur.

5. J'introduis dans ce tube de fer A (fig. 14), fermé par un bout, quelques

Fig. 14.   La vapeur qui s'est formée dans le tube a fait sauter le bouchon.

---

1. Quelle différence y a-t-il entre l'évaporation et l'ébullition ? — 2. Qu'arrive-t-il lorsqu'un corps passe de l'état solide à l'état liquide ? — 3. Qu'arrive-t-il lorsqu'un corps liquide passe à l'état gazeux ? — 4. Qu'arrive-t-il lorsqu'un corps liquide retourne à l'état solide ? — 5. Montrez par une expérience la force de la vapeur.

centimètres cubes d'eau, et je le bouche assez solidement. Je le place alors sur le feu. Attendez un peu. Pan! voilà le bouchon qui saute avec un grand bruit.

Qu'est-ce qui s'est passé? C'est bien simple. 1. L'eau s'est mise à bouillir, est devenue *vapeur*. Et, comme je viens de vous le dire, la vapeur occupe 1 700 fois plus de place que l'eau. Où loger tout cela? Il a bien fallu que le bouchon sautât. S'il avait tenu trop solidement, le tube aurait éclaté.

2. Cette grande **force** de la vapeur d'eau bouillante, un Français, Denis Papin*, a eu l'idée de l'employer. Il en a fait la *machine à vapeur!*

Certes, de notre petit tube à ces belles **locomotives** (fig. 15) qui courent sur les chemins de fer, il y a loin; et cependant c'est la même chose. 3.

FIG. 15. — C'est la *force* de la vapeur qui fait marcher les locomotives.

Au lieu de pousser un bouchon, la vapeur, dans la locomotive, pousse un piston* qui fait tourner les roues.

RÉSUMÉ. — II. CHANGEMENTS D'ÉTAT DES CORPS.

La glace, l'eau, la vapeur (p. 129). — **1.** Quelle est la principale cause des *Changements d'état* des corps?

Les changements d'état des corps ont pour cause la **chaleur**. Ex.: L'eau, quand il fait *froid*, se présente à l'état *solide* (glace); à la température ordinaire, elle reste à l'état *liquide*; mise sur le feu, elle passe à l'état *gazeux* (vapeur).

Tous les corps peuvent exister sous les trois états (p. 130). — **2.** Tous les corps peuvent-ils passer par les trois états, comme l'eau?

Tous les corps peuvent passer par les *trois états*: solide, liquide, gazeux, pourvu qu'on dispose d'une chaleur suffisante pour les **fondre** et les **vaporiser** *, ou d'un froid assez intense pour les **solidifier** *.

---

1. Que s'est-il passé? — **2.** Quelle application a-t-on faite de la va- | peur? — **3.** Que se passe-t-il dans la locomotive?

Changements de volume (p. 131). — 3. Quel phénomène présentent les corps en passant d'un état à un autre ?

En passant de l'état *solide* à l'état *liquide* et de l'état *liquide* à l'état *gazeux*, les corps prennent *plus de place*, ils se **dilatent**. Au contraire, les corps tiennent moins de place, se **contractent**, en passant de l'état *gazeux* à l'état *liquide* et de l'état *liquide* à l'état *solide*.

Application de la force de la vapeur (p. 131). — 4. Comment a-t-on utilisé la force de la vapeur ?

En l'emprisonnant dans une machine dont elle met, par sa force, les différentes pièces en mouvement (machines à vapeur).

III. Le poids et la densité des corps.

120. La balance. — Henri, apportez-moi la balance (fig. 16), et *pesez* avec elle cette balle de plomb. Mais, auparavant, je vais vous poser une question. Lequel est le plus lourd, du *bois* ou du *plomb* ?

— Oh! Monsieur; c'est le plomb !

— Bon. Nous verrons cela tout à l'heure. Et maintenant, pesez.

— Monsieur, je mets la balle de plomb dans un des *plateaux* de la balance. — Ne faites-vous rien avant de placer le corps à peser dans le plateau? — Non, monsieur !

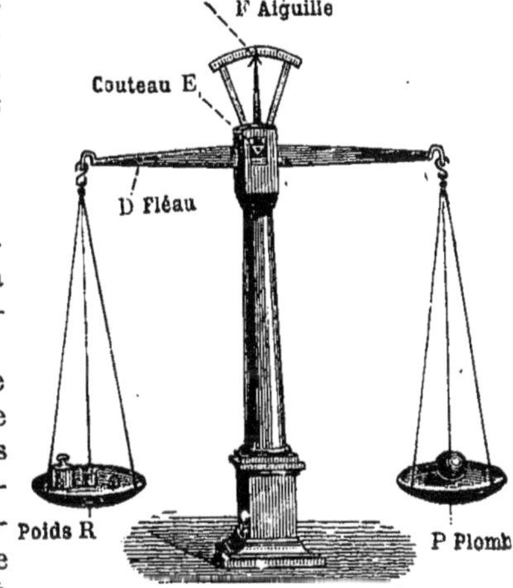

FIG. 16. — La pesée est terminée lorsque l'aiguille F marque 0 sur le petit cadran.

— C'est un tort; vous devez regarder d'abord si le *fléau* D de la balance joue bien sur l'*arête* du couteau E qui le supporte, ensuite si l'aiguille F, placée en son milieu, marque **zéro**, ce qui prouve qu'elle est bien verticale * et que le fléau D est horizontal *. Sans ces conditions, la balance ne serait pas *juste*. Continuez.

1. Je place le plomb P dans un des plateaux. Le plateau s'abaisse. Alors je mets dans l'autre plateau des *poids* R, jusqu'à ce que le fléau soit horizontal et que l'aiguille marque zéro. — Bien. Combien cela fait-il ? — 100 grammes, plus 20 grammes, plus 2 grammes. Total : 122 grammes.

— Bon. Ainsi votre morceau de plomb pèse 122 grammes.

121. Le plomb est plus dense que le bois. — Maintenant ôtez les poids et mettez à la place ce morceau de *bois* B, que j'ai préparé (fig. 17).

Fig 17. — Le plomb est *plus dense* que le bois.

— Monsieur, il pèse juste au**tant** que la balle de plomb.

— Ainsi, le morceau de bois est aussi lourd que la balle de plomb? — Oui, Monsieur.

— Vous me disiez pourtant tout à l'heure que le plomb est plus lourd que le bois.

— Ah ! Monsieur, c'est que le morceau de bois est beaucoup *plus gros* que la balle de plomb.

— Bien. Et si vous pesiez cet autre morceau de bois qui est juste aussi gros que la balle de plomb ?

— Oh! Monsieur, ce n'est pas la peine. Le morceau de bois est plus léger.

— Vous voyez que cela se complique. Il ne faut donc pas dire : le plomb est plus lourd que le bois, puisqu'un morceau de bois, suffisamment gros, est aussi lourd qu'un

---

1. Comment s'y prend-on pour peser?

petit morceau de plomb ! **1.** Il faut dire : **à volume égal,** *le plomb est plus lourd que le bois.*

On exprime cela d'un mot en disant : *le plomb est plus* **dense** *que le bois.*

122. Corps plus ou moins denses. — 2. De même il faut dire : l'eau est **plus dense** que l'huile ; le gaz d'éclairage est **moins dense** que l'air ; le liège est **moins dense** que l'eau ; et aussi la plume est **moins dense** que le plomb.

Vous riez maintenant, Henri, et vous comprenez pourquoi c'est vous que j'ai interrogé. Vous ne serez plus embarrassé pour répondre à la question que vous faisait hier Jacques, en se moquant de vous : « Une livre de plume est-elle plus lourde qu'une livre de plomb ? » Elle est juste aussi lourde, bien entendu, puisqu'elle pèse le même poids. Mais la plume a un bien plus grand volume parce qu'elle est **moins dense.**

123. Densité comparée des gaz, des liquides, des solides. — 3. Les *gaz* sont toujours beaucoup **moins** denses que les *liquides* et les *solides.* Ainsi, un litre d'air pèse 1 gr. 29, ce qui fait 772 fois moins qu'un litre d'eau.

La plupart des corps *solides* sont **plus denses** que l'eau, et vont au fond quand on les y plonge. Il en est ainsi de

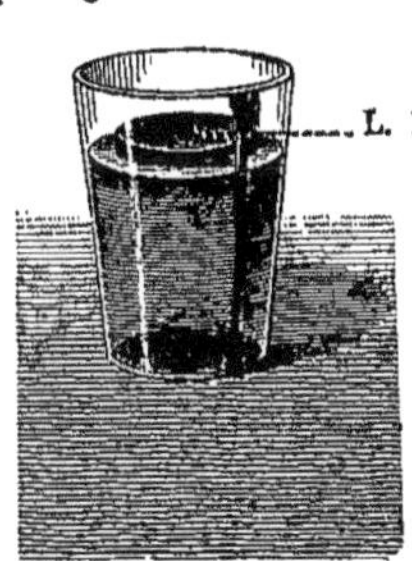

Fig. 18. — La pierre et le plomb
sont *plus denses* que l'eau.

Fig. 19. — Le liège et le bois sec
sont *moins denses* que l'eau.

la balle de plomb B (fig. 18), de la pierre P, et en général de tous les métaux et de toutes les pierres.

Au contraire, le *bois sec* est le plus souvent **moins dense**

---

1. En quoi consiste la densité ?
2. Citez des corps de densités différentes. — 3. Les gaz, les liquides, les solides ont-ils la même densité ?

que l'eau, et flotte à la surface. Le liège L (fig. 19) est surtout remarquable sous ce rapport.

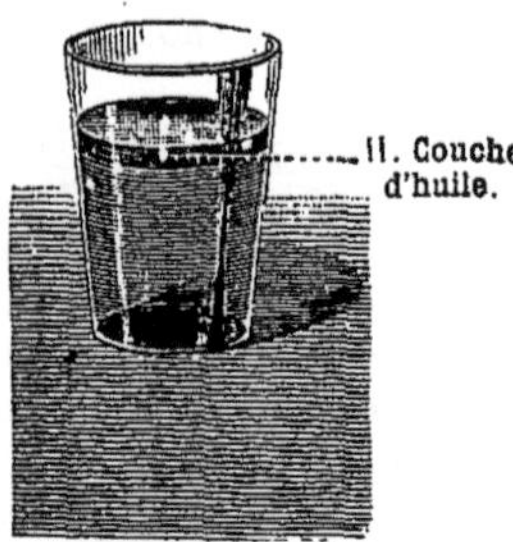

Fig. 20. — L'huile est *moins dense* que l'eau.

1. Si tous les corps *solides* ne sont pas également denses, il en est de même pour les *liquides*. Voyez (fig. 20), l'huile que je verse sur l'eau **surnage** en H, ce qui veut dire qu'elle est plus légère, **moins dense** que l'eau. Au contraire, cette goutte d'un liquide appelé *mercure*, ou *vif-argent*, va au fond aussitôt. Du reste, le mercure est **plus dense** que la plupart des solides.

Mêmes différences pour les gaz. Le *gaz d'éclairage* est **moins dense** que l'air.

RÉSUMÉ. — III. Poids et densité des Corps.

Le plomb est plus dense que le bois (p. 134). — **1.** Que signifient ces mots : le plomb est *plus dense* que le bois ?

2. Les *gaz* sont-ils plus *denses* ou moins *denses* que les *liquides* et les *solides* ?

3. Les *solides* sont-ils plus *denses* ou moins *denses* que l'eau ?

4. Y a-t il des *différences de densité* entre les corps d'un même état ?

Cela signifie qu'à volume égal le plomb pèse **plus** que le bois. Un morceau de plomb d'un centimètre cube pèse beaucoup plus qu'un morceau de bois d'un centimètre cube.

Les gaz sont toujours **moins denses** que les *liquides* et les *solides*.

En général, les solides sont **plus denses** que l'eau; le *bois sec* et quelques autres corps solides font exception; ils *flottent* sur l'eau.

Tous les corps, sous un même état, ne sont pas d'une densité égale; le plomb est plus dense que le bois (*solides*); l'eau est plus dense que l'huile (*liquides*); l'air est plus dense que le gaz d'éclairage (*gaz*).

---

1. La densité de tous les solides, de tous les liquides et de tous les gaz est-elle la même ?

IV. La dilatation * des corps par la chaleur.

124. Le thermomètre. — Vous connaissez tous cet instrument, que vous me voyez regarder plusieurs fois pendant la classe. C'est un **thermomètre** (fig. 21), mot qui veut dire *mesureur de chaleur* (de deux mots grecs : *thermos*, chaleur, *métron*, mesure).

1. En effet, avec un thermomètre, on mesure la chaleur. Comment cela, Jules ?

— Monsieur, quand il fait chaud, le thermomètre **monte** ; quand il fait froid, il **descend**.

— Qui, *il?*

— Ce qu'il y a dedans !

— Bien. Ce qu'il y a dedans, c'est de l'*esprit-de-vin* ou *alcool* coloré en rouge.

On fait aussi des thermomètres avec d'autres liquides ; en voici un, que je garde à part de peur qu'il ne soit cassé. Il est fait avec du *mercure*, ce liquide si dense, dont je vous ai dit un mot.

Donc, quand il fait chaud, l'esprit-de-vin *monte* dans le tube de verre où il est contenu. A quoi cela tient-il ? Pourquoi le niveau de l'esprit de vin s'élève-t-il ? · Personne ne répond ? Voyons, Jacques.

— Monsieur, c'est parce qu'il tient plus de place.

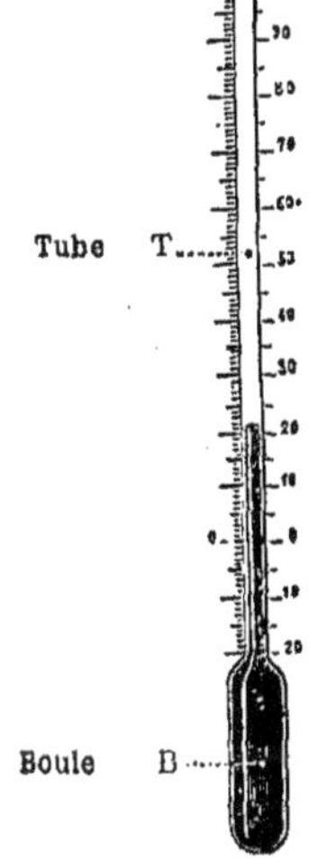

Fig. 21. — Le Thermomètre sert à mesurer la chaleur. Il consiste en un tube T de verre, fermé aux deux extrémités. et dont la partie inférieure B est remplie soit d'*esprit-de-vin*, soit de *mercure*.

— 2. Très bien ! Ainsi, *en s'échauffant*, le liquide tient *plus de place*, c'est-à-dire se **dilate**, et comme la boule B d'en bas est pleine, il faut bien qu'il gagne en hauteur dans le tube T.

---

1. Qu'est-ce qu'un thermomètre ? — 2. Comment expliquez-vous les mouvements du liquide dans le tube du thermomètre ?

Au contraire, quand il fait plus froid (ce qui veut dire quand il y a moins de chaleur), le liquide tient *moins de place*, c'est-à-dire se **contracte**, et son niveau *s'abaisse* dans le tube.

125. Graduation * du thermomètre. — 1. Pour connaître la quantité de chaleur qu'il y a dans l'air ou, comme on dit, la **température** de l'air, on regarde les chiffres qui sont marqués à la hauteur des petites raies, à côté du tube. Quand le niveau du liquide est en face du chiffre 20, on dit qu'il y a *vingt degrés*, et on écrit 20°; quand le niveau est en face du chiffre 10, on dit qu'il y a *dix degrés* (10°); quand il est en face de 0, *zéro degré* (0°).

Vous pensez bien que ces chiffres-là n'ont pas été marqués au hasard sur chaque thermomètre, car on ne saurait pas à quoi s'en tenir quand on lit dans un journal : tel jour, à telle heure, il faisait, à tel endroit, tant de **degrés** de chaleur.

Il faut qu'on puisse *comparer* tous les thermomètres, et, que sur tous, les mêmes chiffres signifient la même chose.

2. Pour arriver à ce résultat, voici comment on s'y prend.

Nous avons là de l'eau qui bout dans une casserole (fig. 22). J'y plonge mon thermomètre à mercure, dont les chiffres sont marqués sur le tube même : voyez comme le mercure *monte*, vite d'abord, puis plus lentement.

Le voici arrivé. En face de quel chiffre? En face du chiffre **100**; et tout le temps que l'eau *bouillira*, il marquera 100; le niveau ne changera pas.

Ainsi *la température de l'*eau bouillante *est appelée température de* cent degrés.

Fig. 22. — La température de l'*eau bouillante* est appelée température de 100 *degrés* (100°).

3. Maintenant, si j'avais de la glace dans un verre, elle fondrait assez vite. Or, si je plongeais mon thermomètre dans cette eau de **glace fondante** (fig. 23), le mercure *bais-*

---

serait et s'arrêterait en face du point A, qui est marqué **zéro**.

Ainsi, *la température de la* **glace fondante** *est appelée température de* **zéro degré**.

1. Vous comprenez bien le reste. On a divisé en *cent parties égales* la longueur du tube comprise entre le point 0 et le point 100, et on a marqué les chiffres que vous voyez.

Tous les thermomètres sont aujourd'hui marqués ou, comme on dit, *gradués* de même, en *degrés centigrades*. Quand on dit qu'il fait 25° de chaleur, tout le monde comprend qu'il fait chaud; si l'on dit 10°, tout le monde comprend qu'il fait frais; à 0°, l'eau commence à geler.

Fig. 23. — La température de la *glace fondante* est appelée température de 0 degré (0°).

2. Pour les temps plus froids, ou mieux, pour les *températures plus basses*, on a continué la graduation sur le tube *au-dessous* du point zéro, et l'on a marqué des chiffres 1, 2, 3, en partant de zéro. Aussi, quand on dit : il fait dix degrés *au-dessous de zéro* (ce qu'on écrit — 10°), tout le monde comprend qu'il fait très froid.

Mon thermomètre à alcool est gradué comme le thermomètre à mercure; son zéro et ses autres chiffres ont la même valeur, bien entendu. Mais on n'a pas pu marquer jusqu'à 100, parce que l'esprit-de-vin bout à une température inférieure à 100 degrés, et que l'ébullition aurait fait casser le tube.

126. Dilatation des solides et des gaz. — 3. Les *liquides* ne sont pas les seuls corps qui **se dilatent** par la chaleur, les *solides* se dilatent aussi. Les métaux, par exemple, *s'allongent* notablement quand on les chauffe.

4. De même pour les *gaz*. Voici une vessie de porc V

---

1. En combien de parties divise-t-on la longueur du tube entre le degré 0 et le degré 100 ? — 2. Comment a-t-on fait pour les températures plus basses que 0° ? — 3. Les solides et les gaz se dilatent-ils comme les liquides ? — 4. Démontrez la dilatation des gaz au moyen d'une expérience.

(fig. 24), que j'ai à demi-remplie d'air avec un soufflet,
et solidement ficelée. Je la pends le long du tuyau du

Fig. 24. — Vessie à demi-gonflée
d'air.

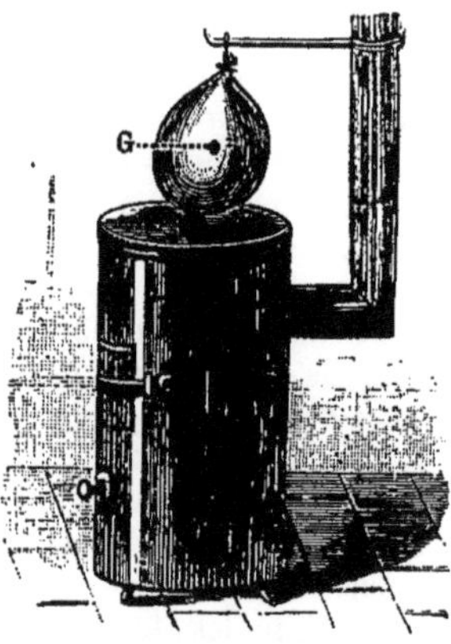

Fig. 25. — La chaleur du poêle a
dilaté l'air de la vessie et celle-ci
s'est gonflée.

poêle : voyez, l'air qu'elle contient s'échauffe, **se dilate**
(fig. 25), et la voici déjà toute gonflée.

RÉSUMÉ. — IV. Dilatation des Corps.

**Le thermomè-
tre** (p. 137). — **1.**
Qu'arrive-t-il lors-
qu'on chauffe un ther-
momètre ?

**Graduation du
thermomètre** (p.
138). — **2.** Comment
fixe-t-on d'une ma-
nière uniforme les
degrés d'un thermo-
mètre ?

Lorsqu'on chauffe un thermomètre,
l'alcool ou le *mercure* * qu'il contient se
dilate et **monte dans le tube** d'autant plus
haut que la chaleur est plus forte.

S'il s'agit d'un *thermomètre à mercure*,
on le plonge dans la *glace fondante*, et,
au point où le mercure s'arrête, on
marque **0**; on plonge ensuite le thermomètre dans l'*eau* bouillante, et on marque
100 au point où s'élève le mercure. On
divise ensuite la longueur qui sépare les
deux numéros en *cent parties* égales ;
chaque division est appelée un **degré**
centigrade.

3. Procède-t-on de même pour un *thermomètre à alcool ?*

On procède de même pour un thermomètre à alcool ; toutefois *on ne peut aller jusqu'à* 100 *degrés*, parce que l'alcool bout à une température inférieure à 100 degrés, et que cela ferait casser le tube.

Dilatation des solides et des gaz (p. 139). — **4.** N'y a-t-il que les liquides qui se dilatent ?

Les *solides* et les *gaz* se **dilatent** comme les liquides.

V. L'air, la combustion et la respiration.

127. Utilité de l'air. — **1.** A quoi nous sert l'air ? Qui va répondre ? A vous, Jules.

— Monsieur, à respirer ; si je mettais ma tête sous l'eau, je serais bientôt étouffé !

— Bien, très bien, l'air sert à la *respiration :* voilà une utilité de première importance. Mais connaissez-vous un autre usage de l'air ? Non ? Eh bien, sachez que l'air est nécessaire non seulement pour **entretenir la vie**, mais pour produire la **chaleur** dans notre poêle et la **lumière** dans notre lampe.

Justement notre poêle est allumé, et il ronfle* bruyamment. Attachons un morceau de papier P (fig. 26) au bout d'une ficelle, et plaçons-le devant la petite porte : voyez-vous comme le papier est attiré vers la porte. Il est entraîné par l'*air* qui se précipite dans le poêle. Cela

Fig. 26. — L'air extérieur, *aspiré* par le poêle qui ronfle, entraîne le papier P. L'air est nécessaire à la *combustion*.

est si vrai que si nous fermions cette petite porte, l'air ne

---

1. A quoi l'air sert-il ?

passant plus aussi facilement, le feu finirait par s'éteindre.

L'air est donc nécessaire pour produire le feu, ou, pour parler plus exactement, pour entretenir la **combustion**, qui donne plus ou moins de lumière et de chaleur.

128. L'air est composé d'oxygène et d'azote. — 1. J'allume ce bout de bougie, que j'ai fixé auparavant dans une plaque de liège. Je pose cette plaque sur l'eau d'une cuvette, et je coiffe le tout avec précaution de ce grand bocal en verre (fig. 27).

Regardez bien. Que voyez-vous, Paul?

— Monsieur, la bougie brûle.

— Oui, votre découverte n'est pas bien extraordinaire; mais ne remarquez-vous pas autre chose?

— Monsieur, je remarque que le niveau de l'eau *baisse* dans le bocal jusqu'en A. Tiens! le voilà qui *remonte*.

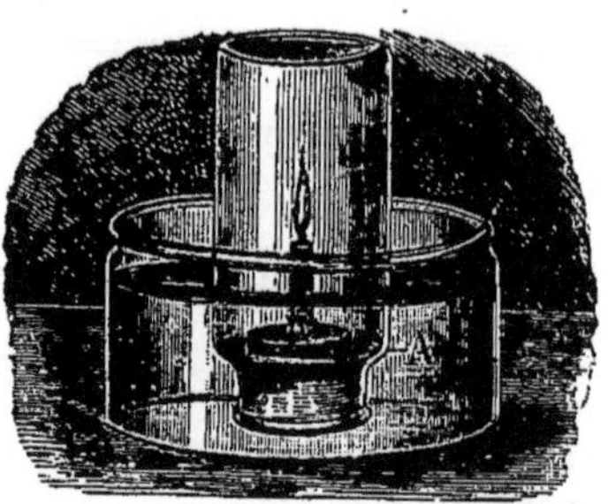

Fig. 27. — La chaleur de la bougie *dilate* l'air du bocal et fait baisser en A le niveau de l'eau.

— Bon! Continuez à observer et à dire ce que vous voyez.

— Monsieur, la bougie fume, elle va s'éteindre... Ah! la voilà éteinte. Comment cela se fait-il? il y a encore beaucoup d'air dans le bocal.

— Pas si vite, mon enfant. Voyons cela de près. D'abord, pourquoi l'eau a-t-elle *baissé* jusqu'en A au commencement? Personne ne répond? Vous auriez dû me dire cela tout de suite, pourtant : c'est parce que la bougie a échauffé l'air du bocal...

— L'air s'est dilaté, monsieur, et en se dilatant il a chassé une partie de l'eau du bocal.

— Voilà le premier fait expliqué. Mais qu'avons-nous vu ensuite? Nous avons vu que l'eau *a monté* jusqu'en B

---

1. Montrez par une expérience que le feu consomme de l'air.

(fig. 28), c'est-à-dire que la quantité d'air intérieur a diminué;
puis la bougie s'est éteinte. A ce moment, l'air s'est refroidi,

s'est *contracté* et
l'eau a continué à
monter un peu.

Le vrai, c'est que
le *feu* de la bougie
a pris, a utilisé, a
consommé un des
éléments de l'air
intérieur ; ensuite,
quand cet élément
lui a manqué, il s'est
éteint.

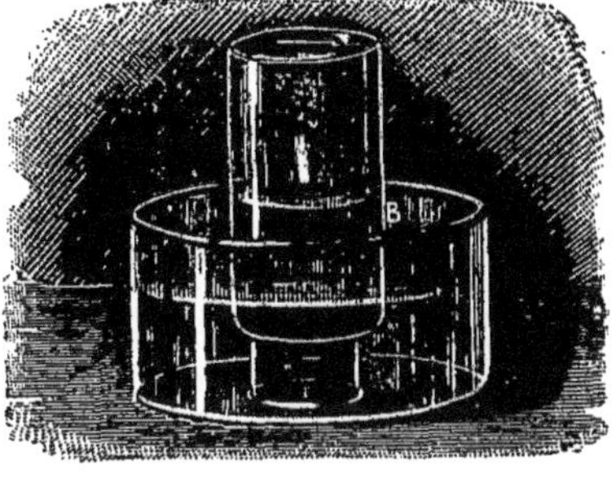

Fig. 28. — La bougie en brûlant a consommé un
des éléments de l'air du bocal (l'oxygène).
L'eau alors est montée jusqu'en B.

1. Remarquez
bien : ce n'est pas
tout l'air qui a été consommé, *c'est seulement* **un des éléments** *de l'air : celui qui sert à la combustion.*

2. Il y a en effet dans l'air pur deux éléments, *deux gaz;*
l'un, qui **entretient** la chaleur et la lumière ; l'autre, qui
ne les entretient pas.

Le premier est l'**oxygène** (nous verrons l'année prochaine
pourquoi on lui a donné ce nom), le second est l'**azote.**

Il y a dans l'air **un cinquième** *d'oxygène et* **quatre cin-
quièmes** *d'azote.*

L'azote, c'est ce qui est resté dans notre bocal. Il s'y
trouve encore un peu d'oxygène, parce que la bougie
meurt avant d'avoir tout épuisé.

**129. Fabrication de l'oxygène par les plan-
tes vertes.** — L'oxygène, je suis sûr que vous vou-
driez bien en voir. Eh bien, je vais vous en montrer et,
du même coup, nous allons apprendre quelque chose de
bien curieux.

3. Voyez-vous ces plantes vertes (fig. 29) que j'ai été
chercher hier à la rivière et que j'ai exposées au soleil,
après les avoir mises dans ce bocal plein d'eau?

Regardez avec soin. De la plante verte sortent de petites
bulles de gaz, que je fais remonter à la surface en heurtant

---

1. Est-ce tout l'air qui est consommé ? — **2.** Quelle est la composition de l'air? — **3.** Quel est le
gaz produit par les plantes vertes ?

légèrement le bocal : *ce gaz, c'est de l'oxygène, produit par la plante verte exposée au soleil.*

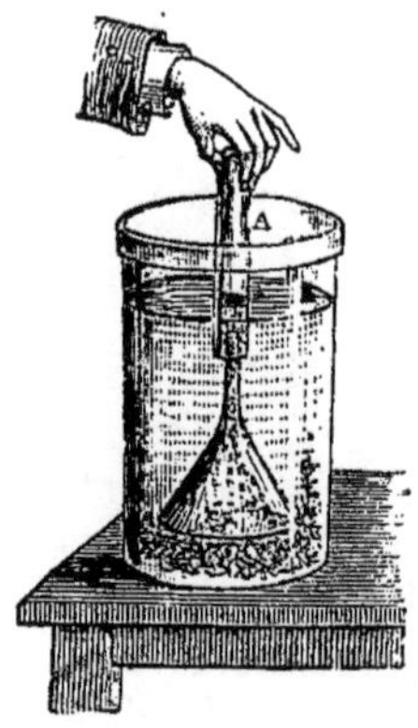

Fig. 29.—De la plante verte exposée au soleil sortent de petites bulles de gaz. C'est de l'*oxygène*.

Dès hier, j'ai mis mon bocal au soleil ; j'ai coiffé la plante d'un petit entonnoir, au bout duquel j'ai placé un tube de verre bouché A ; le tout était plein d'eau. Or, la plante a tant produit d'oxygène, que voici mon petit tube presque plein de gaz.

Attendez un peu. Je place mon doigt sur l'orifice du tube de verre, je le retire de l'eau et je le retourne.

Paul, allumez une allumette. Bien ; soufflez dessus maintenant et donnez-la-moi vite, pendant que le bout est encore rouge. Je la plonge dans mon petit tube (fig. 30). Merveille ! *l'allumette se rallume aussitôt* et flambe comme auparavant.

Fig. 30. — Merveille ! l'allumette *se rallume* aussitôt dans l'*oxygène*.

1. Voilà ce que fait l'**oxygène**. Il active, il ranime le feu, **il entretient la combustion.** C'est lui qui fait flamber nos foyers, qui fait luire nos lampes.

130. La combustion. — Vous voulez me faire une question, Jacques ? Parlez, mon enfant.

— Monsieur, comment les plantes font-elles pour fabriquer de l'oxygène ? Il faut bien qu'elles le prennent quelque part.

— Voilà une bonne question ; mais avant d'y répondre je suis obligé de vous parler d'un gaz que vous ne connaissez pas encore : du gaz **acide carbonique.**

2. Dans le bois, la partie principale est le **charbon** (le *carbone*, disent les chimistes). Quand le bois brûle, il se

---

1. Quelle est la propriété principale de l'oxygène ? — 2. Montrez par une expérience qu'il se produit de l'acide carbonique lorsqu'un corps brûle.

transforme en *charbons rouges*. Ceux-ci, en se consumant, ne laissent plus qu'un peu de *cendres*. Que s'est-il passé? Le charbon, en brûlant, s'est uni à l'oxygène de l'air, et il a donné naissance à deux corps gazeux : l'acide **carbonique** et l'**oxyde de carbone**.

Ces deux gaz sont des poisons, *l'oxyde de carbone* surtout.

1. Ainsi, puisque *les foyers en combustion produisent de l'acide* **carbonique**, il n'est pas étonnant qu'il y en ait un peu dans *l'air* et par suite dans *l'eau*.

131. Les plantes vertes décomposent l'acide carbonique. — Je puis maintenant répondre à votre question, Jacques, et vous dire comment les plantes s'y prennent pour fabriquer de *l'oxygène*. 2. Elles l'empruntent à l'acide **carbonique** qu'elles trouvent dans l'air ou dans l'eau; c'est à lui qu'elles s'attaquent : elles en extraient *l'oxygène* qu'elles laissent échapper dans l'atmosphère*.

Quant au *carbone*, ah ! l'emploi en est tout trouvé : **elles le gardent**, *elles en font le charbon* qui est dans leur bois et dans toutes les autres parties.

132. Les animaux consomment de l'oxygène. — Mais voici quelque chose, non pas de plus admirable, mais de plus intéressant encore pour nous.

3. Tout à l'heure si, au lieu de la bougie, j'avais mis sur ma plaque de liège une petite cage avec une souris ou un oiseau (fig. 31), l'animal serait mort *asphyxié* après un certain temps ; et

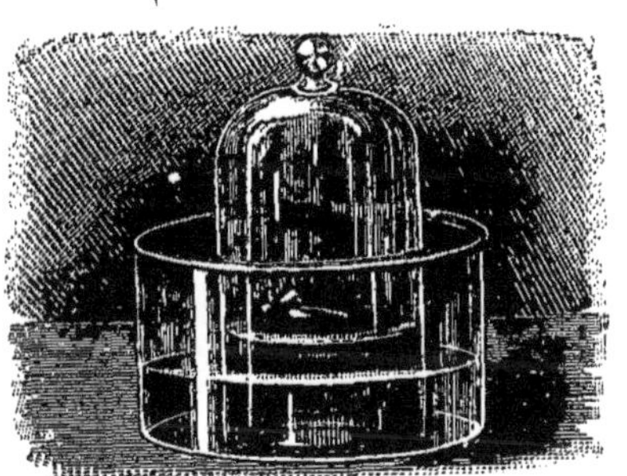

Fig. 31. — L'air est un mélange d'*oxygène* qui entretient la vie et d'*azote* qui ne l'entretient pas. — L'oiseau est mort lorsqu'il a eu épuisé l'oxygène.

l'eau se serait élevée dans le bocal à peu près à la même hauteur que pour la bougie.

---

1. Y a-t-il de l'acide carbonique dans l'air et dans l'eau? — 2. Comment les plantes fabriquent-elles de l'oxygène? — 3. Montrez par une expérience que l'oxygène entretient aussi la ie des animaux.

Cela aurait prouvé que *c'est également un des éléments de l'air qui entretient la* **vie.**

Cet élément, c'est encore l'**oxygène.** C'est lui qui sert à la **respiration** : maintes expériences l'ont surabondamment démontré.

1. L'autre élément, qui ne peut pas plus entretenir la respiration que la combustion, c'est l'**azote**; et ceci nous donne l'explication de son nom, qui veut dire, en grec, *incapable d'entretenir la vie.*

2. Qu'a fait l'animal avec l'oxygène? Il a fait de l'*acide carbonique,* tout comme la bougie.

Oui, *l'oxygène de l'air est pris par les animaux, qui consument avec lui et lentement le charbon de leur corps.* Car il y a du charbon dans le corps des animaux. Pour s'en assurer, il suffit de regarder brûler une côtelette.

133. La pureté de l'air. — En définitive, les foyers qui brûlent et les animaux qui respirent déversent sans cesse de l'acide carbonique dans l'air, et y prennent sans cesse de l'oxygène.

3. Certainement, il y a beaucoup d'air autour de la terre, et, par suite, beaucoup d'oxygène. Mais, cependant, si les choses continuaient ainsi indéfiniment, il viendrait un moment, dans la suite des siècles, où tout l'oxygène serait épuisé, et où il faudrait que les hommes et les animaux périssent *asphyxiés.*

4. Heureusement, interviennent les **végétaux verts** ils reprennent à l'air l'*acide carbonique,* lui rendent l'*oxygène,* et gardent le **carbone.**

Ainsi se trouve conservée la pureté de l'air nécessaire à la vie des animaux.

5. Alors ceux-ci, qui usent continuellement le carbone de leur corps en formant l'acide carbonique, arrivent, mangent les plantes et leur reprennent le carbone dont ils ont besoin pour se réparer.

---

1. Qu'est-ce que l'azote ? — 2. Comment les animaux utilisent-ils l'oxygène de l'air ? — 3. Qu'arriverait-il si l'oxygène de l'air n'était pas renouvelé ? — 4. Comment et par qui l'oxygène de l'air est-il renouvelé ? — 5. Où les animaux trouvent-ils le carbone qui leur est nécessaire?

RÉSUMÉ. — V. L'Air, la Combustion et la Respiration.

Utilité de l'air (p. 141). — **1.** A quoi l'air est-il nécessaire ?

Éléments de l'air (p. 142). — **2.** L'air est-il composé de plusieurs éléments ?

L'oxygène (page 143). — **3.** Quelles sont les propriétés de l'oxygène ?

La combustion (p. 144). — **4.** Lorsque le bois, la bougie, etc., brûlent, que se produit-il ?

Les plantes vertes et l'acide carbonique (page 145). — **5.** Que font les végétaux verts avec l'acide cabonique ?

La respiration (p. 145). — **6.** Que se passe-t-il quand un animal respire ?

Renouvellement de l'air (p. 145). — **7.** Qu'arrive-t-il si on ne renouvelle pas l'air ?

Pureté de l'air (p. 146). — **8.** Comment est maintenue la pureté de l'air ?

L'air est nécessaire pour entretenir la **respiration** des animaux et la **combustion*** des corps.

L'air est composé de deux éléments : **l'oxygène et l'azote.**

C'est l'oxygène qui *entretient* la **combustion et la respiration.**

Lorsque le bois, la bougie, etc., brûlent, l'*oxygène* de l'air s'unit, **se combine** avec le **charbon** ou carbone qui y existe, et produit des gaz nuisibles : **acide carbonique et oxyde de carbone.**

Au soleil, les plantes vertes décomposent l'*acide carbonique* de l'air. Elles en laissent échapper l'**oxygène,** et en gardent le **carbone.**

Quand un animal respire, l'**oxygène** de l'air s'unit au **carbone** qui est contenu dans son corps, et forme de l'*acide carbonique.*

Si l'on empêche l'air de se renouveler autour d'une bougie qui brûle ou d'un animal qui respire, l'oxygène *s'épuise,* la bougie s'éteint et l'animal meurt asphyxié.

L'air est continuellement vicié par les foyers qui *brûlent* et les animaux qui *respirent :* ils lui enlèvent son oxygène et le chargent d'acide carbonique. Mais les plantes vertes, au soleil, décomposent cet acide, et rendent à l'air son *oxygène.*

VI. L'eau.

134. L'eau. — 1. Nous savons déjà beaucoup de choses
sur l'eau. Nous savons qu'elle se congèle* et se transforme
en *glace* solide à la température de 0°, et qu'elle passe
rapidement à l'état gazeux, à l'état de *vapeur*, lorsqu'elle
atteint la température de 100°.

2. Je vous ai dit (p. 131) que presque tous les corps *diminuent* un peu de volume en passant de l'état *liquide* à l'état
solide. L'eau fait exception à cette règle : **elle augmente
de volume en se solidifiant**, en se changeant en glace.

Cette augmentation de volume se fait avec une telle force
que, lorsqu'on met de l'eau dans un canon de fusil bien
bouché aux deux bouts et qu'on l'expose à la gelée, la
glace, *en se gonflant*, fait *éclater* le canon de fusil. C'est pour
cela qu'il ne faut jamais, en hiver, laisser le soir de l'eau
dans les carafes ; si l'eau vient à geler pendant la nuit, la
carafe se cassera.

3. Quand on ajoute à l'eau du sucre, du sel, ils y disparaissent, ils s'y **dissolvent***. L'eau dissout ainsi beaucoup
de solides et beaucoup de liquides, l'alcool par exemple.

4. Elle dissout aussi des gaz. L'acide carbonique, entre
autres, peut y être soluble en grande proportion : un
litre d'eau absorbe un litre de ce gaz.

135. Décomposition de l'eau. — Pendant bien
longtemps on a regardé l'eau comme un **élément**, c'est-à-
dire comme un *corps indécomposable*. Il en était de même
de l'*air*, dans lequel nous avons trouvé de l'oxygène et de
l'azote. Eh bien, on a constaté que l'eau est composée de
deux gaz.

C'est une chose qui paraît toujours bien extraordinaire
que la composition de l'eau. **5.** Oui, ce joli liquide, si
limpide, *est composé en réalité de deux gaz*.

Quoi ! direz-vous, un **liquide** composé de *deux gaz* ? Ah !
vous en verrez bien d'autres quand nous ferons un peu de

---

chimie. D'ailleurs, nous connaissons déjà l'acide carbonique,
gaz formé par un *gaz*, l'oxygène, et un *solide*, le carbone.

1. Les deux gaz qui composent l'eau sont : notre vieille
connaissance, l'**oxygène**, et un autre
gaz, qu'on nomme l'**hydrogène** (mot
qui veut dire *qui donne naissance à de
l'eau*).

Je vais vous donner la preuve de ce
que j'avance. **2.** Voici un instrument,
dont je vous parlerai l'année prochaine : on l'appelle la *pile électrique*
(fig. 32). J'en ai fabriqué une bien simplement, avec des gros *sous* (cuivre), des
morceaux de *zinc*, des ronds de *drap*,
que je pose les uns sur les autres en
les alternant*, le tout trempé dans du
vinaigre. Cela ne coûte pas cher et
marche tout de même.

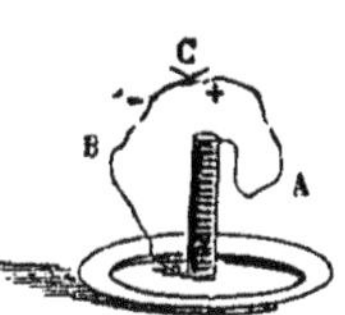

Fig. 32. — Pile électri-
que formée avec des
sous (cuivre), des
ronds de *zinc* et des
ronds de *drap*. — A,
fil de laiton en contact
avec un rond de cui-
vre. — B, fil en con-
tact avec un rond de
zinc.

Je plonge les deux fils de laiton, qui tiennent aux deux
extrémités de la pile, dans ce
verre plein d'eau (fig. 33).
Vous voyez, après quelques instants, des bulles de gaz se former à l'extrémité de *chaque fil*
et monter à la surface de l'eau.
Ces gaz sont, à l'un des fils, l'o-
xygène ; à l'autre, l'**hydrogène**.

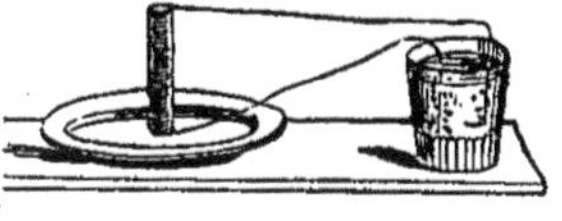

Fig. 33. — L'eau est décomposée
en deux gaz, l'oxygène et l'hydrogène.

Essayons de les recueillir. Pour cela je prends
deux petits tubes de
verre C, D, bouchés par
un bout ; je les remplis
d'eau, et j'en coiffe les
deux fils (fig. 34). Le
gaz monte dans chacun
d'eux.

Ces gaz sont le produit
de la **décomposition de**
l'eau.

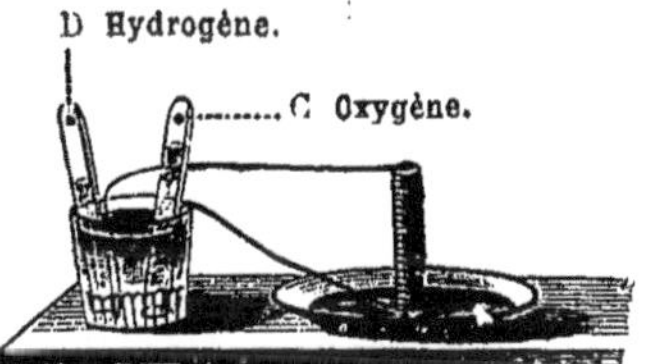

Fig. 34. — A l'aide des tubes formés
je recueille l'hydrogène en D, et
l'oxygène en C.

136. L'hydrogène. — Pendant que nous causons,

---

1. Quels sont les deux gaz qui
composent l'eau ?

2. Par quel moyen peut-on décomposer l'eau ?

nos petits tubes se remplissent, surtout le tube à **hydrogène,**

Fig. 35. — Paf! un petit bruit sec, et une petite flamme. L'hydrogène est donc un gaz *inflammable* et *explosible.*

qui contient, vous le voyez, deux fois plus de gaz que le tube à oxygène. Je le retire de l'eau en le bouchant avec mon doigt, et je le tiens renversé, l'orifice* en bas. Paul, allumez une allumette. Bon ; regardez bien tous. 1. J'approche l'allumette de l'orifice du tube et j'ôte mon doigt (fig. 35). Paf! un petit bruit, et une jolie petite flamme, très peu lumineuse, si peu, qu'à grand'peine l'avons-nous vue.

L'hydrogène est, vous le voyez, un gaz *inflammable* et explosible. Si, au lieu d'un petit tube, nous avions eu un grand flacon, nous aurions déterminé une *véritable explosion*.*

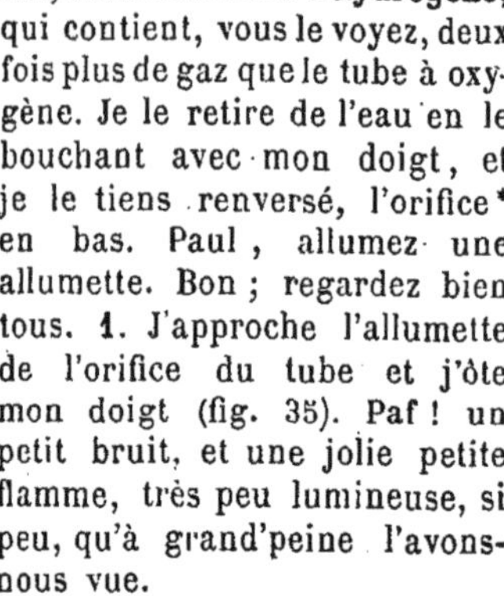

Fig. 36. — Les ballons pourraient être gonflés avec l'hydrogène, 14 fois plus léger que l'air. On les gonfle avec le *gaz d'éclairage* qui coûte moins cher.

L'*hydrogène* a encore une qualité remarquable. 2. Il est extraordinairement *léger* ; il pèse **14 fois moins que l'air.** Aussi est-ce lui que le physicien Charles*, inventeur des ballons à gaz, avait d'abord employé pour *gonfler les ballons.* Mais, comme il coûte très cher à préparer, on le remplace ordinairement par le **gaz d'éclairage** (fig. 36) qui coûte moins cher.

137. L'oxygène. — En voilà assez sur l'hydrogène. Prenons notre autre tube C (fig. 37), qui, à son tour, est à peu près plein : il contient de l'oxygène, avons-nous dit. Vous allez le reconnaître aisément. Comment ?

— 3. Monsieur, parce qu'il **rallumera une allumette presque éteinte.** Vous nous l'avez montré l'autre jour (p. 144).

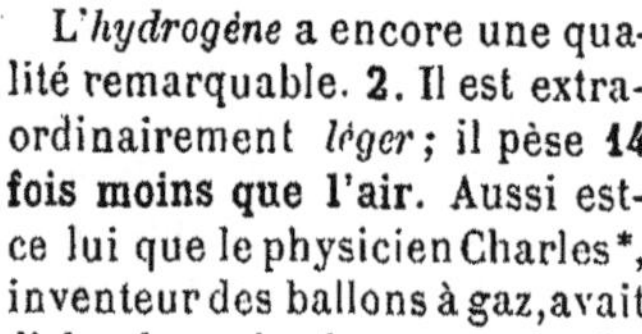

---

1. A quoi reconnait-on l'hydrogène ? — 2. Citez une qualité remarquable de l'hydrogène. — 3. A quoi reconnait-on l'oxygène ?

— Très bien, faites vous-même l'expérience, ami Jules. Ah! ayez bien soin de retourner le tube, *l'ouverture en haut,* parce que l'oxygène est *plus lourd* que l'air, et il se perdrait si l'ouverture était en bas. Bien : voilà l'allumette enflammée.

138. Recomposition de l'eau. — Vous êtes maintenant bien sûrs qu'il y a dans l'eau de *l'hydrogène* et de *l'oxygène.* Mais n'y a-t-il que cela ?

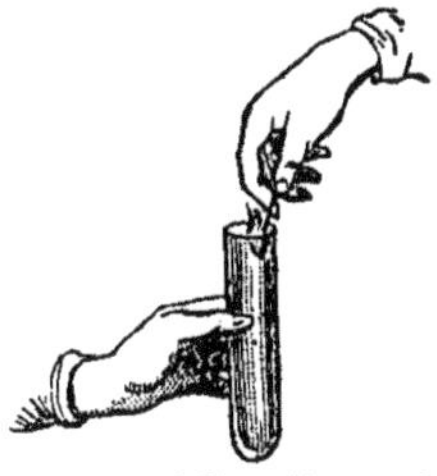

Fig. 37. — L'allumette se rallume aussitôt dans *l'oxygène.*

1. Oui, car si l'on enflamme de l'hydrogène (ce qui revient à le combiner avec l'oxygène), on a de l'eau, comme, tout à l'heure, on avait de l'acide carbonique en enflammant le carbone, c'est-à-dire en le combinant avec de l'oxygène.

C'est une expérience assez délicate à faire. Mais, comme il y a de l'hydrogène dans presque tous les corps que nous brûlons, *il se forme de l'eau* quand ils brûlent, et je puis vous montrer cette eau.

J'allume ma lampe à alcool, et je place au-dessus une assiette froide (fig. 38). Vous voyez s'y former des gouttes : ce n'est pas de l'alcool qui distille ; goûtez-y. Non, c'est de l'eau, formée par la *combustion* de l'hydrogène qui existe dans l'alcool.

Vous voyez que *l'hydrogène* est bien nommé, puisque son nom signifie *qui donne naissance à l'eau.*

2. En définitive, on connaît la composition de l'eau de deux manières. D'abord, parce qu'on la décompose, par la pile, en deux gaz, l'hydrogène et l'oxygène. Puis, parce qu'on la **recompose** en unissant, soit par le feu, soit par d'autres moyens, l'hydrogène avec l'oxygène.

Fig. 38. — Il se forme des gouttes *d'eau.* Cette eau est due à la combinaison de *l'hydrogène* de l'alcool avec *l'oxygène* de l'air.

---

1. Prouvez, par une expérience, qu'il n'y a dans l'eau que de l'hydrogène et de l'oxygène. —

2. De combien de manières peut-on connaître la composition de l'eau ?

Je vous ai bien prouvé, comme je l'avais promis, toutes mes affirmations. C'est ce qu'il faut toujours être prêt à faire.

RÉSUMÉ. — VI. L'Eau.

L'eau (p. 148). — **1.** Que devient le volume de l'eau quand elle se change en glace ?

L'*eau* fait exception à la règle commune ; elle **augmente de volume** en passant de l'état liquide à l'état solide (glace).

Dissolution. — **2.** Qu'arrive-t-il à certains corps lorsqu'on les plonge dans l'eau.

Ces corps comme le sel, le sucre, disparaissent dans l'eau, ils s'y **dissolvent***. L'eau dissout aussi certains gaz : notamment l'acide carbonique.

Composition de l'eau (p. 148). — **3.** De quoi l'eau se compose-t-elle ?

L'eau se *compose* de deux gaz : l'**hydrogène** et l'**oxygène**.

L'hydrogène (p. 149). — **4.** Quels sont les caractères de l'*hydrogène* ?

L'**hydrogène** est **inflammable** *, et plus léger que l'air.

L'oxygène (page 150). — **5.** Quels sont les caractères de l'*oxygène* ?

L'**oxygène** n'est pas inflammable, mais il **rallume** les corps à moitié éteints qu'on y plonge ; il est **plus lourd** que l'air.

6. Comment arrive-t-on à *décomposer* l'eau ?

On arrive à **décomposer** l'eau en deux gaz au moyen de la **pile électrique**.

7. Comment peut-on la *recomposer* ?

On la recompose en faisant brûler de l'hydrogène.

NOTIONS COMPLÉMENTAIRES

139. — Nous avons terminé l'étude des matières inscrites dans cette section, au programme de cette année. Nous aurons à les reprendre l'année prochaine et à les compléter par des connaissances nouvelles.

Je pourrais donc m'arrêter là. Cependant, je crois bon de vous dire encore quelques mots sur un certain nombre de *phénomènes physiques* qui se présentent journellement à vous.

I. La lumière.

140. La lumière marche en ligne droite. — Je viens de fermer les volets d'une des fenêtres de la classe, par laquelle donne le soleil. Vous voyez qu'à travers chacun des petits trous que j'y ai ménagés, passe un rayon de soleil (fig. 39). **1.** Ces rayons éclairent sur leur route quantité de petites poussières qui dansent dans l'air. Remarquez que *ces rayons marchent en ligne droite*.

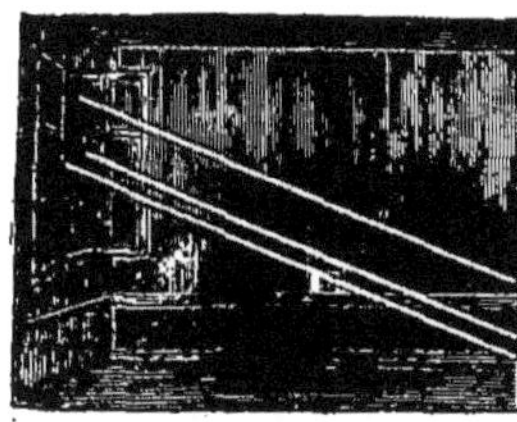

Fig. 39. — La lumière marche en *ligne droite*.

Fig. 40. — La lumière se *réfléchit* sur les corps polis (*réflexion*).

141. La lumière se réfléchit * sur les corps polis. — Sur le passage d'un des rayons lumineux, je place un petit miroir. Là-bas (fig. 40), sur le mur, en A, apparaît une tache lumineuse. C'est l'image du trou du volet, qui a ricoché, qui **s'est réfléchie** * sur la glace étamée*.

2. Quand je remue le miroir, la tache remue de A en B. Vous voyez, du reste, que le rayon réfléchi éclaire aussi les poussières en *ligne droite*.

142. La lumière dévie en passant de l'eau dans l'air. — **3.** Si je plonge cette baguette dans ce verre

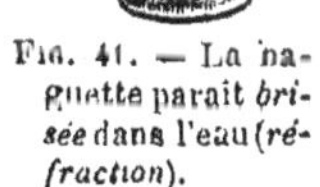

Fig. 41. — La baguette paraît *brisée* dans l'eau (*réfraction*).

---

d'eau (fig. 41), elle parait *brisée en deux morceaux*, dont l'un est dans l'air, l'autre dans l'eau.

C'est là un effet de ce qu'on appelle la **réfraction** de la lumière; en latin, *réfraction* veut dire *brisure*.

II. Le son.

143. Le son est produit par des vibrations.

Fig. 42. — Le son nous est transmis par l'air. Il est produit par les **vibrations** du verre.

— Paul, approchez-vous de moi; je choque le bord de ce verre avec une baguette (fig. 42): il rend un son clair et fort. Mettez le doigt dessus; qu'arrive-t-il ? — Monsieur, le son *s'éteint.* — Oui, mais qu'avez-vous senti avec le doigt? Tenez, je recommence. — Ah! Monsieur, je sens *que le verre tremble pendant qu'il résonne; quand je l'empêche de trembler, j'arrête le son.* — Très bien. 1. On dit que le verre **vibre**, et ce sont *ses* **vibrations** *qui produisent le* **son.**

144. Le son nous est transmis par l'air.

— Mais le verre ne touche pas notre oreille. Comment donc entendons-nous les vibrations ? 2. Nous les entendons parce qu'elles *se communiquent à l'air, qui vibre à son tour jusque dans l'intérieur de notre oreille.*

145. Le son peut être transmis par les solides ou par les liquides.

— 3. Les vibrations sonores peuvent nous être transmises par les *liquides* et par les *so-*

---

1. Par quoi le son est-il produit ? — 2. Par quoi le son nous est-il transmis ? — 3. Le son peut-il être transmis par les solides et les liquides ?

lides. Mettez votre oreille au bout de cette longue table

Fig. 43. — Les sons peuvent nous être transmis aussi par les *solides*
et par les *liquides*.

(fig. 43). Je la touche très légèrement : vous entendez fort
bien le bruit.

III. L'électricité. — IV. Les aimants.

**146. Le frottement développe de l'électricité
à la surface de certains corps.** — Je prends
un bâton de *cire à cacheter*; je l'approche de petits morceaux de papier placés sur la table : vous voyez que les
papiers restent bien tranquilles.

1. Maintenant je frotte vivement ce bâton sur ma manche
(fig. 44), et je l'ap-
proche de nouveau
des morceaux de pa-
pier. Voyez ! les pa-
piers **sautent** jus-
qu'au bâton, et s'y
collent (fig. 45).

Je fais la même
expérience, avec le

Fig. 44. — Je frotte le
bâton de cire sur ma
manche.

Fig. 45. — ... Il attire alors
les petits morceaux de
papier (*électricité*).

même résultat, en frottant ce tube de *verre* sur ma manche.
Je pourrais la répéter avec d'autres corps, mais moins facilement.

2. Cette *force* qui existe ainsi à la surface des corps

---

1. Que se produit-il lorsqu'on
frotte un bâton de cire à cacheter
ou de verre sur une étoffe de laine
et qu'on l'approche de petits mor-

ceaux de papier? — **2.** Comment
nomme-t-on la force qui attire ainsi
les morceaux de papier?

frottés, cette *force* qui attire les corps légers, on l'appelle l'électricité.

Comme il fait bien sec aujourd'hui, et qu'il y a de l'orage dans l'air, je vais vous montrer une chose nouvelle pour la plupart d'entre vous.

J'appelle mon chat, qui va laisser faire une expérience sur lui-même, quoiqu'il soit peu patient. 1. Je le caresse en lui passant la main sur le dos (fig. 46). Voyez-vous maintenant comme ses poils se redressent, et suivent ma main ? Le *frottement a développé de l'électricité.*

Écoutez bien, en faisant grand silence, tandis que je passe la main. Entendez-vous une série de petits bruits secs ? S'il faisait nuit, nous verrions de plus une quantité de très petites étincelles partir des poils.

2. Eh bien, écoutez et retenez ceci : ces petits bruits secs, *ce sont de petits coups de* **tonnerre**! Ces petites étincelles, *ce sont des* **éclairs** en miniature * !

Fig. 46.—Les chats donnent de l'électricité quand on les frotte par un temps sec.

3. Lorsque deux nuages se trouvent placés à une petite distance l'un de l'autre, il se produit le même effet qu'entre ma main et la peau du chat, mais dans des proportions bien autrement grandes. Les éclairs ne sont autre chose que d'énormes *étincelles*, et le tonnerre est le bruit produit par le dégagement des éclairs.

4. On obtient l'électricité en quantité sérieuse et utilisable soit avec des *machines électriques*, soit avec des *piles électriques*, plus ou moins analogues à celle dont nous avons fait usage quand nous avons parlé de la décomposition de l'eau.

Fig. 47. — Aimant en forme de fer à cheval.

147. L'aimant attire le fer et l'acier. — Vous voyez, mes enfants ce petit morceau d'acier recourbé comme un fer à cheval (fig. 47). Il n'a rien, en apparence, de bien

---

1. Que se passe-t-il si on frotte les poils d'un chat dans l'obscurité ? — 2. Que représentent en petit les phénomènes ainsi observés ? — 3. Que sont les éclairs et le tonnerre ? — 4. Comment obtient-on l'électricité en grande quantité ?

extraordinaire. Mais regardez : je l'approche, par les deux bouts, d'une aiguille d'acier (fig. 48). Quand il en est à environ un centimètre, l'*aiguille se soulève, se précipite sur lui et s'y colle*; il faut que je donne des secousses assez fortes pour l'en détacher. Le même phénomène se produira si je remplace l'aiguille par un fil de fer.

Fig. 48. — L'aiguille se précipite sur l'*aimant* et s'y attache.

1. Ce morceau d'acier, *qui attire le fer et l'acier,* est ce qu'on appelle un **aimant**.

148. L'aimant n'attire que le fer et l'acier. — Voici, mêlées ensemble, plusieurs espèces de poussières (fig. 49) : il y a de la limaille de fer, de la limaille de cuivre, de la sciure de bois, des cendres, du charbon pilé, du sable. J'étale ces poussières sur une assiette. Je promène

Fig. 49 — L'aimant n'attire que le *fer* et l'*acier*.

au-dessus les bouts de mon aimant. *Voyez! toute la limaille de* **fer** *s'y attache énergiquement*; le cuivre et les autres corps ne bougent pas.

L'aimant n'attire que le **fer** *et l'*acier.

149. Qu'est-ce que l'aimant? — 2. Il y a des aimants naturels. C'est une espèce de *minerai de fer*. Mais les aimants qu'on trouve dans le commerce sont préparés par des procédés dont nous parlerons l'année prochaine.

RÉSUMÉ. — NOTIONS COMPLÉMENTAIRES.

La lumière (p. 153). — **1.** Comment *marche* la lumière ?

La lumière marche en *ligne droite*.

2. Qu'appelle-t-on *réflexion* de la lumière ?

Quand un rayon lumineux tombe sur une surface polie, il se *réfléchit*, c'est-à-dire qu'il continue sa marche en faisant un angle.

---

1. Quelles sont les propriétés de l'aimant? — 2. Qu'est-ce que l'aimant?

3. Qu'appelle-t-on *réfraction* de la lumière ?

Réfraction veut dire *brisure*. Lorsqu'un rayon lumineux pénètre de l'air dans l'eau, **il change de direction au lieu de marcher droit.** C'est ce qui fait qu'un bâton plongé dans l'eau semble *brisé*.

Le son (p. 154).— **4.** Comment est produit le *son* ?

Le *son* est produit par le tremblement de toutes les parties d'un corps; ce tremblement se nomme les **vibrations**.

5. Comment le son est-il *transmis* à notre oreille ?

Le son est **transmis** à notre oreille par les **vibrations de l'air**.

6. Est-ce par l'*air* seul que le son peut être transmis ?

Non, le son peut être également transmis par les **liquides** et les **solides**.

L'électricité. — (p. 155). — **7.** Qu'est-ce que l'*électricité* ?

L'électricité est une **force** qui se développe à la surface de certains corps lorsqu'on les *frotte*. Elle se manifeste en *attirant* les corps légers, en produisant des *étincelles*, etc.

8. Avec quels instruments produit-on l'électricité ?

On produit de l'électricité à l'aide des **machines électriques** et des **piles**.

9. Qu'est-ce qui produit les *éclairs* et le *tonnerre* ?

C'est l'*électricité*, *accumulée* en grande quantité dans les nuages, qui produit les éclairs et le tonnerre.

10. Les aimants (p. 155).— Qu'est-ce que l'*aimant* ?

L'aimant est un morceau d'acier qui a la propriété d'attirer le fer et l'acier.

150. Sujets d'étude réservés. — Mais je ne puis vous parler davantage de *physique*, de *chimie* et de *physiologie* cette année, et nous aurons à reprendre tout cela l'année prochaine.

J'espère que vous ne vous en plaindrez pas. Car combien de choses intéressantes nous restent à étudier !

Nous n'avons fait que jeter un coup d'œil sur tout cela.

Nous apprendrons pourquoi un morceau de fer paraît plus froid qu'un morceau de bois qui a la même température; pourquoi on a froid quand on sort de l'eau; ce que sont les couleurs de l'arc-en-ciel; comment agissent les principaux instruments de musique; avec quelle rapidité se meuvent le son et la lumière; comment on produit l'électricité; comment les corps tombent; comment on fabrique les aimants; ce que sont les combinaisons chimiques; comment respire, digère, se meut, sent un être animé; comment se nourrit et se développe un végétal, etc.

Nous étudierons le baromètre, la machine à vapeur, les piles électriques, le télégraphe électrique, la boussole, le paratonnerre, les pompes, les loupes, les microscopes, les lunettes, les leviers, et tant d'autres merveilleuses inventions de l'esprit humain !

Vous voyez qu'il nous reste de la besogne à faire, et de la bonne. Je tâcherai qu'elle vous soit en même temps agréable, car je crois bien que si mes leçons vous ennuyaient, vous n'apprendriez pas grand'chose.

SUJETS DE RÉDACTION

L'HOMME.

1ᵉʳ devoir (p. 4). — Comment les chairs se soutiennent : colonne vertébrale, thorax, crâne, bassin, os des membres. — Points où les os jouent les uns sur les autres. — Liens qui unissent les os les uns aux autres.

2ᵉ devoir (p. 9). — Les os sont immobiles par eux-mêmes : quels organes donnent aux os la faculté de se mouvoir ? — Expliquez, comme exemple, le mouvement de l'avant-bras.

3ᵉ devoir (p. 11). — Les muscles livrés à eux-mêmes sont immobiles : quel est l'organe qui leur commande d'agir ? — Comment se fait la transmission.

4ᵉ devoir (p. 14). — Par où passent les aliments ? — Sous l'influence de quoi se transforment-ils ?

5ᵉ devoir (p. 16). — Comment nous respirons.

6ᵉ devoir (p. 18). — Comment le sang circule à travers notre corps.

7ᵉ devoir (p. 21). — Les petits enfants ont souvent les jambes tournées. Comment on évite cet inconvénient. — Utilité de la gymnastique et de l'exercice pour les jeunes gens et pour les hommes faits.

8e devoir (p. 25). — Funestes effets de l'alcool; — des eaux infectées; — des charbons allumés en lieux clos.

9e devoir (p. 23). — Ce que l'on doit faire quand on s'est donné une entorse. — Lorsqu'on est empoisonné. — Lorsqu'on s'est coupé.

LES ANIMAUX.

10e devoir (p. 31). — Animaux à os et animaux sans os (comment on les appelle). — Principales divisions des animaux à os. — Principales divisions des animaux sans os.

11e devoir (p. 34). — Décrire le squelette d'un chien. — Quelle différence y a-t-il entre les dents d'un animal qui se nourrit de chair et celles d'un animal qui se nourrit d'herbe ?

12e devoir (p. 39). — Citez, en y ajoutant quelques explications, les principales espèces de la famille des chats ; — des chiens ; — des ours.

13e devoir (p. 44). — Une chauve-souris est-elle un oiseau ? — Une baleine est-elle un poisson ?

14e devoir (p. 47). — Que veut dire *ruminer ?* — Quels sont les animaux qui ruminent ? — Cornes creuses; cornes pleines ; ruminants sans cornes.

15e devoir. — Les griffes des chats. — Les deux doigts des ruminants. — Le doigt unique des chevaux. — Animaux à peau épaisse. — Incisives du lapin. — Poche du kangourou.

16e devoir (p. 54). — Chez un oiseau, que voit-on au lieu des poils ? — au lieu des dents ? — au lieu des bras ? — Combien de doigts ont les oiseaux ?

17e devoir (p. 58). — Bec des oiseaux carnivores ; — leurs griffes ; — les principaux d'entre eux. — Les pattes des palmipèdes ; — des échassiers.

18e devoir (p. 63). — Bec des oiseaux granivores ; — les principaux oiseaux granivores.

19e devoir (p. 66). — Lézards et crocodiles. — Vipères et couleuvres. — Tortues.

20e devoir (p. 66). — Métamorphoses de la grenouille.

21e devoir (p. 71). — Les écailles des poissons ; — leurs nageoires ; — leurs branchies. — Poissons d'eau douce et poissons d'eau salée.

22e devoir (p. 73). — Que signifient les mots *invertébrés, annelés, mollusques, zoophytes ?* — Combien les insectes ont-ils de pattes ? — Métamorphoses du papillon. — Combien les araignées ont-elles de pattes ?

23e devoir (p. 82). — Insectes nuisibles.

24e devoir (p. 85). — Insectes utiles.

LES VÉGÉTAUX.

25e devoir (p. 89). — Les principales parties d'une plante. — Les principaux organes d'une fleur.

26e devoir (p. 95). — Ouvrez un haricot et décrivez les diverses parties qui le composent. — Les deux grandes divisions des plantes.

27e devoir (p. 99). — De quelles plantes sont composées les prairies artificielles ? — A quelle famille de plantes appartiennent les pois, les haricots, les lentilles, les fèves, les choux, les radis, les navets, le colza, le cresson ? — Citez la famille qui fournit les principaux fruits. — Énumérez ces fruits et décrivez-les.

28e devoir (p. 101). — Expliquez le mot *ombellifère.* — Quelle particularité offrent les feuilles des ombellifères ? — Qu'est-ce qu'une racine alimentaire ? — Citez quelques racines alimentaires.

29e devoir (p. 102). — Qu'est-ce que l'opium ? — Quel produit tire-t-on du pavot-œillette ? — Quel est le caractère des solanées ? — Citez une importante solanée alimentaire et dites quelle partie de cette solanée l'on mange. — Quel danger présentent les jeunes pousses vertes de cette solanée ? — Citez une autre solanée dont il est bon de ne pas faire usage.

30e devoir (p. 104). — Emploi de la bourrache. — Qu'est-ce qui caractérise les labiées ? — Citez les principales plantes de cette famille. — Citez une malvacée médicinale et une malvacée industrielle.

31e devoir (p. 105). — Pourquoi la garance a-t-elle perdu de son importance ? — Quelle est, en médecine, l'utilité du quinquina ? — Où trouve-t-on le café et à quels usages l'emploie-t-on ? — A quoi sert l'ipécacuanha ? — Qu'appelle-t-on fleur composée ? — Citez, parmi les composées, une plante avec laquelle on fait une liqueur très dangereuse.

32e devoir (p. 108). — Quelle est l'importance de la famille des amentacées ? — Qu'est-ce que *tanner* ? — Citez les plantes dont les graines servent à faire : 1o de l'huile à manger ; 2o de l'huile à brûler. — Quelle est l'utilité de la résine et du goudron ?

33e devoir (p. 110). — Citez des plantes qui n'ont qu'un cotylédon. — Quel nom, en général, donne-t-on à leur racine ? — Qu'est-ce qu'une griffe d'asperge ? — Parlez de l'importance des graminées. — Où croit le riz ? — Qu'est-ce que le maïs ? — Quelle boisson fabrique-t-on avec l'orge ? — Où croit la canne à sucre ? — Quelle est, dans nos pays, la plante avec laquelle on fabrique le sucre ?

34e devoir (p. 113). — Qu'est-ce qu'une *moisissure ?* — A quoi est due la maladie connue sous le nom de *teigne ?* — Citez un exemple de fermentation.

35e devoir (p. 115). — Parlez des bourgeons ; — des boutures ; — des marcottes ; — de la greffe.

LES PIERRES.

36e devoir (p. 119). — Citez les différentes sortes de pierres. — Action du vinaigre sur la pierre calcaire. — Action du feu sur les pierres. — Où trouve-t-on les métaux ? — les pierres précieuses ?

37e devoir (p. 123). — Quel est le caractère du granit ? — Qu'est-ce qu'une pierre gélive ? — Quels matériaux de construction fait-on avec l'argile ? — Quels ustensiles de ménage ? — Qu'est-ce que *modeler ?*

38e devoir (p. 123). — Qu'est-ce que le plâtre ? — Son emploi. — Qu'est-ce que la chaux vive, la chaux éteinte, un mortier, un ciment ? — Qu'est-ce que le charbon de terre ?

LES TROIS ÉTATS DES CORPS.

39e devoir (p. 125). — Citez des corps solides, des corps liquides, des corps gazeux. — Qu'est-ce qu'un corps friable, un corps malléable, un corps flexible ?

40e devoir (p. 129). — Parlez des trois états de l'eau. — Peut-on faire passer tous les corps par les trois états ? — Sous quelle influence ? — Changement lent des liquides en gaz ; changement brusque.

41e devoir (p. 131). — Dilatation. — Contraction. — A quoi est due la force de la vapeur ? — Importante application de cette force.

42e devoir (p. 133). — Poids des corps : comparez le plomb au bois ; — l'eau à l'huile ; — l'air au gaz d'éclairage. — Densité.

43e devoir (p. 137). — Thermomètre : sa construction ; ses usages.

44e devoir (p. 141). — Composition de l'air. — Propriétés de l'oxygène. — Comment pourriez-vous fabriquer de l'oxygène ?

45e devoir (p. 144). — Que se passe-t-il pendant que le bois brûle ? — Pourquoi est-il utile de renouveler l'air des appartements ?

46e devoir (p. 148). — De quoi l'eau est-elle composée ? — Parlez de l'expérience qui démontre la composition de l'eau. — L'hydrogène et son emploi. — Différence entre l'oxygène et l'hydrogène.

NOTIONS COMPLÉMENTAIRES.

47e devoir (p. 153). — Comment marche la lumière ? — Expliquez ce qu'on entend par *réflexion* et par *réfraction* de la lumière. — Comment se fait-il que nous entendons le son d'une cloche, par exemple ? — L'air est-il le seul conducteur du son ?

48e devoir (p. 155). — Que se passe-t-il lorsqu'on frotte un bâton de cire à cacheter ? — Qu'est-ce que l'électricité ? — Comment se produisent les éclairs ? — Qu'est-ce que le tonnerre ? — Quelle est la propriété de l'aimant ?

LEXIQUE

[Ce lexique contient tous les mots marqués d'un astérisque (*) dans le corps de l'ouvrage. Il ne donne que l'acception dans laquelle ces mots sont employés.]

Absinthe, liqueur faite avec les feuilles de l'absinthe, plante de la famille des composées, infusées dans de l'eau-de-vie.

Absorber, avaler, faire disparaître.

Acide, substance solide, liquide ou gazeuse qui possède plus ou moins la saveur âcre du vinaigre et qui a la propriété d'attaquer certains métaux et certaines pierres.

Acier, fer combiné avec le carbone et rendu très dur par l'opération de la trempe.

Aérer (s'), être aéré, c'est-à-dire être mis en contact avec l'air.

Aérien, qui vit ou croît dans l'air, par opposition à *aquatique*, qui vit dans l'eau. Est aussi opposé à *souterrain* : les parties aériennes de la plante.

Affaisser (s'), retomber sur soi-même et sous son propre poids.

Aisselle, creux du bras à l'endroit où il se joint à l'épaule. Intérieur de l'angle formé par la feuille et le rameau auquel elle est attachée.

Alcool, eau-de-vie très forte, qui se tire, par la distillation, des végétaux qui contiennent du sucre, comme le raisin, la betterave, etc.

Alimentaire, propre à servir d'aliment.

Alterner, disposer des objets de différentes sortes à la suite les uns des autres, de manière à ce qu'ils reviennent toujours dans le même ordre.

Amonceler, mettre en tas, en monceau.

Amphibiens (animaux à double vie), groupe d'animaux qui vivent dans l'eau pendant leur jeune âge, et dans l'air après qu'ils ont subi certaines métamorphoses (grenouilles, salamandres).

Amputation, action de couper un membre, ou résultat de cette opération.

Animale (matière), qui appartient aux êtres animés, aux animaux, par opposition à *végétal*, qui appartient aux plantes, aux végétaux, et à *minéral*, qui appartient aux pierres, aux minéraux.

Antérieur, qui est avant, qui précède.

Antique, fort ancien.

Aquatique, qui vit ou croît dans l'eau, par opposition à *aérien* : animal aquatique, plante aquatique.

Artificiel, qui est produit par l'art et l'industrie des hommes, par opposition à ce que la nature produit d'elle-même (*naturel*).

Asphyxie, suspension subite des signes extérieurs de la vie. — *Asphyxié*, frappé d'asphyxie.

Atmosphère, masse d'air qui environne la terre.

Australie, île de l'Océanie, grande comme l'Europe, appartenant en grande partie aux Anglais. Les animaux de cette île ont des formes étranges et ne ressemblent en aucune façon à ceux des autres pays.

Baie, fruit charnu, comme la *groseille*, qui vient le plus souvent sur des arbustes.

Barrage, digue qui forme obstacle à l'écoulement de l'eau d'une rivière, d'un ruisseau.

Beignet, pâte qui enveloppe une tranche de fruits, des fleurs ou une autre substance alimentaire, et qu'on fait frire dans la graisse.

Bouture, fragment de végétal séparé et planté en terre.

Bouturer, mettre en terre comme une bouture.

Brasser, remuer quelque chose à force de bras.

Bulle, globule, petit globe plein d'air ou de gaz qui s'élève à la surface d'un liquide.

Caillot, petite masse de sang qui s'est épaissie.

Canne (à sucre), plante originaire des pays chauds et dont le suc épaissi donne du sucre.

Carapace ou *test*, partie supérieure de la boîte écailleuse de différents animaux, comme la tortue, l'écrevisse, etc.

Cartilage, partie blanche qui se trouve surtout aux extrémités des os et qu'on nomme vulgairement le *croquant*.

Cavité, creux ou vide dans un corps solide : cavité dans un rocher, cavité de la bouche.

Charles, physicien français né à Beaugency en 1746, mort en 1823, qui a employé le premier le gaz hydrogène au gonflement des ballons.

Charnu, bien fourni de chair ; se dit des fruits, des racines.

Charogne, cadavre d'un animal en état de putréfaction, de pourriture.

Chaton, disposition en queue de *chat* des fleurs de certains arbres ou arbustes, du noyer et du noisetier, par exemple.

Chènevis, graine du chanvre.

Chirurgie, partie de la médecine qui a pour objet de faire avec des instruments, des opérations sur le corps humain : couper les jambes, percer les abcès, etc.

Chloroforme, substance liquide dont les vapeurs ont la propriété de rendre, pendant un certain temps, celui qui les respire insensible à la douleur.

Classification, distribution de certains objets par classes ou familles. Classification des végétaux, des animaux, etc.

Coagulation, état d'un liquide qui s'épaissit et devient solide jusqu'à un certain point.

Colonne, pilier rond destiné à soutenir un édifice. *Colonne vertébrale*, pilier formé par les vertèbres et destiné à soutenir le crâne et les côtes.

Combustion, décomposition d'un corps par l'action du feu.

Comestible, propre à la nourriture de l'homme.

Commotion, secousse violente.

Congeler (se), passer à l'état de glace.

Congestion (cérébrale), accumulation du sang dans le cerveau.

Contracter (se), se resserrer, se raccourcir d'une manière douloureuse.

Cornée, de la même nature que la corne des animaux. On appelle *cornée* la partie transparente de l'œil.

Cube (centimètre), mesure équivalant au volume d'un cube, d'un dé dont chaque face a un centimètre de côté.

Cutané, qui appartient à la peau.

Dard, pointe de fer; en histoire naturelle, aiguillon dont sont armés les abeilles et d'autres animaux; mot par lequel on désigne vulgairement et à tort la langue des serpents.

Déliter (se), se fendiller, se réduire en morceaux.

Diamant, pierre précieuse constituée par du carbone (charbon) pur et cristallisé; c'est la plus dure et la plus brillante des pierres.

Dilatation, augmentation du volume d'un corps.

Dissoudre (se), se fondre dans un liquide; le sucre se dissout dans l'eau.

Eau (de carrière), eau que contiennent les pierres au moment même où on les extrait de la carrière.

Enflammer (s'), prendre feu.

Entendeur, qui entend facilement. *A bon entendeur, salut!* que celui qui entend une chose en fasse son profit.

Ergot (de seigle), sorte de petit champignon qui pousse sur les céréales, notamment sur le seigle; il est dangereux de manger le seigle ergoté.

Esprit (de vin), nom vulgaire de l'*alcool* (*voir ce mot*).

Essaimage, action de quitter en masse la ruche, en parlant des abeilles.

Explosion, commotion violente accompagnée d'un grand bruit, d'une détonation. La poudre fait explosion.

Faîne, fruit du hêtre.

Fermentation, décomposition qui s'opère dans un grand nombre de substances, lorsqu'elles sont exposées à l'action de l'air et d'une chaleur modérée.

Filament, petit brin long et délié comme un fil.

Flairer, sentir par l'odorat.

Fondamental, qui sert de fondement, la partie la plus importante d'une chose.

Fracture, état d'un os brisé.

Frange, bande de tissu d'où pendent des fils plus ou moins nombreux.

Fourragère, se dit des plantes propres à être employées comme fourrage.

Friable, facile à réduire en poudre. Le sucre, le verre sont friables.

Fuser, se répandre en fondant.

Germination, développement du germe d'une graine, d'une semence.

Gluant, qui est visqueux, collant, comme la *glu*, sorte de colle qui s'attache fortement aux objets.

Graduation, division en degrés : graduation du thermomètre, etc.

Grêle (adjectif), long et mince.

Hémorragie, perte, écoulement de sang.

Herborisation, action d'aller dans les champs cueillir des plantes pour les étudier.

Horizontal, parallèle à l'horizon, ligne parallèle à la surface d'une eau tranquille.

Humecter, rendre humide, mouiller légèrement.

Infantile, qui appartient à la première enfance.

Infester, ravager, piller; se dit des animaux nuisibles qui abondent dans un lieu.

Inflammable, qui s'enflamme facilement.

Infusion, action de mettre dans un liquide, l'eau le plus souvent, une substance comme le café, pour en extraire le suc.

Inoffensif, incapable de nuire, de faire du mal.

Intelligence, faculté d'entendre, de concevoir et de comprendre.

Intermittent, qui cesse et reprend par intervalles. La fièvre est intermittente lorsque le malade souffre une ou plusieurs heures par jour, pour être tranquille ensuite pendant un certain temps.

Isolé (corps), qui peut exister séparément de tout autre corps.

Lamelle, petite lame, c'est-à-dire petit corps plat et mince.

Ligature, lien avec lequel on serre une blessure pour arrêter le sang et rapprocher les bords de la plaie.

Lobe, partie d'une semence ou d'un fruit qui se divise en deux parties égales, comme les haricots et les fèves.

Malléable, qu'on peut étendre facilement, à coups de marteau comme on le fait du plomb.

Marécageux, qui est humide et bourbeux comme le sont les marais.

Marne, terre calcaire mêlée d'argile dont on se sert comme amendement, pour les champs.

Mastiquer, mâcher lentement les aliments.

Ménagerie, collection d'animaux vivants de toute espèce, entretenus pour l'étude ou pour la curiosité.

Mercure, métal appelé communément vif-argent. C'est le seul métal qui reste liquide à la température ordinaire.

Métamorphose, changement de forme ou de structure qui survient pendant la vie des insectes et d'autres animaux.

Meule, sorte de roue en pierre qui sert à écraser le grain pour en faire de la farine.

Miniature, peinture ou objet d'art de très petite dimension.

Mobile, se dit de tout ce qui peut se mouvoir ou être mû. Les doigts de l'homme sont mobiles.

Moteur, qui met en mouvement.

Musculaire, formé des muscles.

Musculeux, où il y a beaucoup de muscles.

Naissance, origine, commencement d'un organe : à la *naissance du pouce*.

Naturaliste, savant qui s'occupe spécialement de l'histoire naturelle, qui s'attache à la connaissance des plantes, des minéraux, des animaux.

Neutraliser, rendre inoffensif, empêcher de nuire.

Nocturne (animal), qui ne se met en mouvement que la nuit (*nox, en latin*) et qui dort le jour.

Nodosité, sorte de renflement qui ressemble à un nœud.

Nouer (se), passer de l'état de fleur à l'état de fruit.

Oïdium, sorte de petit champignon qui attaque la vigne et son fruit.

Opium, suc du pavot, qui a la propriété de faire dormir.

Organe, partie d'un corps organisé qui remplit une fonction utile à la vie.

Organique (matière), qui appartient aux organes du corps, qui fait partie d'un corps vivant.

Organisation, manière dont un corps est organisé pour remplir les fonctions auxquelles il est destiné.

Orifice, ouverture qui sert d'issue ou d'entrée à un objet quelconque.

Pacifique, qui aime la paix.

Papin (Denis), célèbre physicien et mécanicien français, le premier qui ait connu toute la force motrice de la vapeur (1647-1710).

Parfait (insecte), insecte qui a accompli toutes ses métamorphoses.

Paroi, se dit des parties qui forment la clôture des différentes cavités du corps : les parois de l'estomac, de la poitrine, etc.

Pavillon, extrémité évasée d'une trompette, partie extérieure de l'oreille.

Piston, pièce mobile fixée à l'extrémité d'une tige et qui se meut dans un cylindre ou tuyau, où elle glisse facilement.

Planer, se soutenir en l'air sans remuer les ailes.

Poisseux, gluant, qui s'attache aux doigts comme de la *poix*.

Postérieur, qui vient après, qui est derrière.

Pouls, battement des artères, principalement aux poignets.

Purgatif, remède qui fait aller à la garde-robe.

Race, ensemble des individus qui se ressemblent beaucoup.

Rebouter, remettre en place. Du vieux français *bouter*, mettre. Un boute-en-train, celui qui met les autres en train, qui sait les exciter à la joie.

Réfléchir (se), être renvoyé, en parlant de la lumière.

Renflement, augmentation de volume sur une partie d'un objet.

Repiquer, arranger une meule de moulin, la mettre en état de moudre le grain. On dit aussi : habiller une meule.

Reptile, tout animal qui manque de pieds ou a les pieds si courts qu'il semble se traîner sur le ventre.

Résidu, ce qui reste des substances soumises aux sucs gastriques.

Rigidité, qualité des corps qui ne se plient pas.

Ronfler, se dit de ce qui produit un bruit sourd et prolongé comme celui que font certaines personnes en dormant. L'orgue ronfle, le canon ronfle.

Rouille, maladie qui attaque le blé et les autres céréales.

Scarlatine, maladie contagieuse, dans laquelle la peau rougit, devient *écarlate*.

Scolaire, qui a rapport aux écoles.

Semis, mise en terre des graines dont on veut obtenir la reproduction.

Sensitif (nerf), qui reçoit les impressions, les sensations.

Siège, partie du corps où certaines fonctions s'accomplissent plus particulièrement : le cerveau est le siège de la pensée.

Sinapisme, médicament qui consiste dans une pâte faite de farine de graines de moutarde et qu'on étend sur la peau pour y attirer le sang.

Solidifier, rendre dur et solide un corps liquide ou gazeux.

Somme, charge que peut porter un cheval, un âne, un mulet, d'où l'on donne à ces animaux le nom de *bêtes de somme*.

Somnolence, état intermédiaire entre la veille et le sommeil. Disposition habituelle à dormir.

Sorgho, plante de la famille des graminées; elle est cultivée en Algérie et fournit un jus dont on fait de l'alcool.

Soubassement, partie inférieure d'une construction, sur laquelle porte l'édifice.

Subdiviser, diviser les parties d'un tout déjà divisé ; se *subdiviser*, être subdivisé.

Tanner, préparer les cuirs avec de l'écorce de chêne ou *tan*.

Tatouer, imprimer sur la peau à l'aide de piqûres des dessins qui ne peuvent s'effacer. Beaucoup de peuplades sauvages se *tatouent*.

Transversal, qui coupe en travers. Les lignes de ce livre sont transversales.

Vaporiser, amener un corps à l'état de vapeur.

Végétal, qui provient des végétaux : *substance végétale*.

Végétaux, tout ce qui croît par la végétation : arbres, herbes, champignons, etc.

Vénéneux, se dit des végétaux qui contiennent du poison.

Venimeux, se dit des animaux qui ont du venin, qui ont des crochets empoisonnés.

Vernis, enduit liquide qui rend les corps luisants et les préserve de l'humidité.

Verrue, petite excroissance de chair, qui vient surtout au visage et aux mains.

Vertical, perpendiculaire à l'horizon ; disposé suivant la ligne d'un fil à plomb.

Vésicatoire, emplâtre qui fait venir de grosses ampoules sur la peau ; plaie causée par l'application de cet emplâtre.

Voilier (bon), se dit d'un bâtiment à voiles par rapport à sa vitesse ; s'applique aux oiseaux pour dire qu'ils volent vite et longtemps.

Volume, étendue, grosseur d'un corps.

TABLE ALPHABÉTIQUE

TABLE DES MATIÈRES

Paris. — Chromo-typ. E. Capiomont, rue Mazarine, 28.

www.ingramcontent.com/pod-product-compliance
Ingram Content Group UK Ltd.
Pitfield, Milton Keynes, MK11 3LW, UK
UKHW010913160726
13695UKWH00007B/649